中国地质大学（武汉）实验教学系列教材
中国地质大学(武汉)实验技术研究经费资助出版

数字系统设计实践教程

SHUZI XITONG SHEJI SHIJIAN JIAOCHENG

王　巍　姚亚峰　编著

图书在版编目(CIP)数据

数字系统设计实践教程/王巍,姚亚峰编著.—武汉:中国地质大学出版社,2019.3
中国地质大学(武汉)实验教学系列教材
ISBN 978-7-5625-4522-4

Ⅰ.①数…
Ⅱ.①王… ②姚…
Ⅲ.①数字系统-系统设计-高等学校-教材
Ⅳ.①TP271

中国版本图书馆 CIP 数据核字(2019)第 059285 号

数字系统设计实践教程 王 巍 姚亚峰 **编著**

责任编辑:舒立霞 责任校对:徐蕾蕾

出版发行:中国地质大学出版社(武汉市洪山区鲁磨路 388 号) 邮编:430074
电 话:(027)67883511 传真:(027)67883580 E-mail:cbb@cug.edu.cn
经 销:全国新华书店 http://cugp.cug.edu.cn

开本:787 毫米×1 092 毫米 1/16 字数:199 千字 印张:7.75
版次:2019 年 3 月第 1 版 印次:2019 年 3 月第 1 次印刷
印刷:武汉市籍缘印刷厂

ISBN 978-7-5625-4522-4 定价:22.00 元

中国地质大学（武汉）实验教学系列教材

编委会名单

前　言

随着通信技术和微电子技术的迅速发展，FPGA 设计、芯片设计和片上系统（System on Chip，SoC）设计已成为当前硬件设计的重要方向。对于硬件设计，很多人还停留在用电烙铁焊接元器件，或者用元器件在面包板上搭建计数器等刻板印象上，其实 21 世纪的硬件设计流程跟软件设计流程已经没有多大区别，只要一台个人电脑或笔记本电脑就可以了。我们知道，要进行软件设计，比如编写一个个人网页，首先要熟悉一门编程语言如 HTML5 语言，然后编写代码，接着对代码进行编译，经过调试无误之后，再把代码下载到某一平台运行即可。硬件设计也一样，首先也要熟悉一门编程语言如 Verilog 语言，然后编写代码，接着也是用工具软件把代码自动综合为相应电路代码，调试无误之后，再把该电路代码下载到某一平台运行即可。这也意味着由中、小规模集成电路构成的数字系统或用原理图描述数字系统的设计方法早已不能适应当前技术潮流，学会用 HDL 语言描述电路才是当前硬件设计或数字系统设计的主流方法。

为了适应新一代信息、通信人才培养的需要，本书作者在总结多年教学经验的基础上，查阅了一些国内外相关资料，并结合自己的工程实践，编写了这本数字系统设计实践教材。作者精心挑选了一些不同层次的实验内容，从简单基础的电路设计开始，逐步深入到系统和算法的设计，希望通过这些由浅入深的实验进程，逐步让学生掌握电路设计的入门知识和基础技能，逐步提高学生的电路设计能力与实际动手能力，并通过一些实验内容的思考题设计，培养学生的独立思考和自主创新能力。

本书首先介绍了进行数字系统设计必须具备的基础知识，包括数字系统设计流程，Verilog HDL语言基础以及 ModelSim、Quartus Ⅱ 等基本工具软件的使用，接着重点描述了 6 个实验内容。每个实验内容都分 8 个方面进行介绍，包括预习内容、实验目的、实验器材、实验要求、实验原理与内容、实验步骤、实验报告、问题及思考等。最后提供了各个实验内容的电路设计参考代码和参考测试激励文件等。本书内容翔实，实验设置符合由易到难、循序渐进的学习规律，能够引起学生对数字系统设计的兴趣。

本书可作为电子电气相关专业（电子信息、通信工程、自动化、计算机、测控技术与仪器等)的 EDA 技术、FPGA 开发等课程的实验教材,也可供电子设计领域的工程技术人员参考。由于本书实验内容较多,教师可选取一部分进行教学。

在本书编写过程中,我们参考了较多的书籍、论文和网络文献,在此向其作者表示深深的谢意。

中国地质大学(武汉)的霍兴华、冯中秀、邱雅倩、付裕、刘洋、肖毅和张海洋等研究生对实验内容进行了验证,提供了很多良好的建议和帮助,在此表示感谢。由于时间仓促,本书难免存在不足之处,敬请各位读者指正。

编著者

2018 年 9 月

目　录

第一章　数字系统设计知识准备

第一节　数字系统设计流程

传统的数字系统设计方法，是一种自底向上的设计方法，即由固定功能的数字逻辑器件（芯片）构成模块电路，再由这些模块电路构成更高层次的模块，一层一层，最终实现整个系统的设计。这种基于固定功能数字逻辑器件的设计方法就像搭积木，一步一步从基础开始，直到最后完成才能知道最终搭的是什么，效果如何。如果出现问题，那么可能需要重新开始这一过程，导致采用这种方法进行数字系统设计效率低、灵活性差、成本高、设计周期长。

而随着计算机技术、辅助设计技术和可编程逻辑器件的不断发展和完善，数字系统设计进入了一个新的阶段，开始了现代数字系统设计新时期。现代数字系统设计方法以可编程逻辑器件作为物理载体，在计算机平台上，采用 HDL 描述数字系统，综合应用编译、综合、仿真等 EDA 软件，实现了数字系统的设计、仿真和测试自动化，极大地提高了数字系统设计的效率，增加了数字系统设计的灵活性，并且降低了数字系统设计的成本。现代数字系统设计采用自顶向下的设计方法，它首先从系统设计入手，在顶层进行功能划分和结构设计，并在系统级采用仿真手段验证设计的正确性，然后再逐级设计低层的结构，实现设计、仿真、测试一体化。其方案的验证与设计、电路与 PCB 设计、专用集成电路（Application Specific Integrated Circuit，简称 ASIC）设计等都由电子系统设计师借助于 EDA 工具完成。自顶向下设计方法的特点表现在：

（1）基于可编程逻辑器件和 EDA 工具支撑。

（2）采用逐级仿真技术，可以及早发现问题，修改设计方案。

（3）由于采用的是结构化开发手段，可实现多人多任务的并行工作方式，使复杂系统的设计规模和效率大幅度提高：①在选择器件的类型、规模、硬件结构等方面具有更大的自由度；②基于 IP 的技术使全球设计者设计成果共享，设计成果的再利用得到保证。

现代数字系统设计流程如图 1-1 所示。

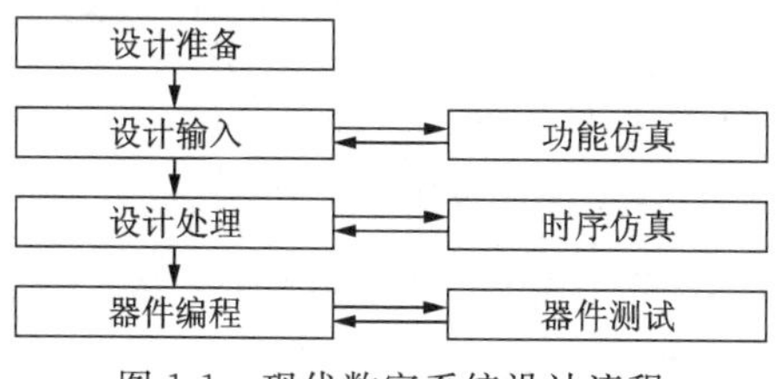

图 1-1　现代数字系统设计流程

1. 设计准备

在设计之前，首先要进行方案论证、系统设计和器件选择等设计准备工作。设计者首先要根据任务要求，判明系统指标的可行性。系统的可行性受到逻辑合理性、成本、开发条件、器件供应、设计员水平等方面的约束。若系统可行，则根据系统所完成的功能及复杂程度，对器件本身的资源和成本、工作速度及连线的可布性等方面进行权衡，选择合适的设计方案和合适的器件类型。

2. 设计输入

设计输入是设计者将所设计的系统或电路以 EDA 开发软件要求的某种形式表示出来，并送入计算机的过程。它根据 EDA 开发系统提供的一个电路逻辑的输入环境，如原理图、硬件描述语言（HDL）等输入等形式进行输入。这些方法可以单独构成，也可将多种手段组合来生成一个完整的设计。设计输入软件在设计输入时，还会检查语法错误，并产生网表文件，供设计处理和设计校验使用。

3. 设计处理

设计处理是从设计输入文件到生成编程数据文件的编译过程。这是器件设计中的核心环节。设计处理由编译软件自动完成。设计处理的过程如下：①逻辑优化和综合。由软件化简逻辑，并把逻辑描述转变为最适合在器件中实现的形式。综合的目的是将多个模块化设计文件合并为一个网表文件，并使层次设计平面化。逻辑综合应施加合理的用户约束，以满足设计的要求。②映射。把设计分为多个适合用具体 PLD 器件内部逻辑资源实现的逻辑小块的形式。映射工作可以全部自动实现，也可以部分由用户控制，还可以全部由用户控制进行。③布局和布线。布局和布线工作是在设计检验通过以后由软件自动完成的，它能以最优的方式对逻辑元件布局，并准确地实现 PLD 器件内部逻辑元件间的互连。④生成编程数据文件。设计处理的最后一步是产生可供器件编程使用的数据文件。对 CPLD 器件而言，产生熔丝图文件即 JDEC 文件；对 FPGA 器件则生成位流数据文件。

4. 设计校验

设计校验过程是使用 EDA 开发软件对设计进行分析，它包括功能仿真、时序仿真和器件测试。功能仿真用于验证设计的逻辑功能，它是在设计输入完成之后，选择具体器件进行编译之前进行的逻辑功能验证。功能仿真没有延时信息，对于初步的逻辑功能检测非常方便。仿真结果将会生成报告文件和输出信号波形，从中便可以观察到各个节点的信号变化。若发现错误，则返回设计输入中修改逻辑设计。时序仿真是在选择了具体器件并完成布局、布线之后进行的快速时序检验，并可对设计性能作整体上的分析，这也是与实际器件工作情况基本相同的仿真。由于不同器件的内部延时不一样，不同的布局、布线方案也给延时造成不同的影响，用户可以得到某一条或某一类路径的时延信息，也可给出所有路径的延时信息，又称延时仿真。若设计的性能不能达到要求，需找出影响性能的关键路径，并返回延时信息，修改约束文件，对设计进行重新综合和布局布线，如此重复多次直到满足设计要求为止。因此时序仿真对于分析时序关系、估计设计的性能以及检查和消除竞争冒险等是非常有必要的。直接进行功能仿真的优点是设计耗时短，对硬件库和综合器没有任何要求，尤其对于规模比较大的设计项目，综合和布局布线在计算机上耗时较多，若每次修改都进行时序仿真，显然会降低设计开发效率。通常的做法是：首先进行功能仿真，待确认设计文件满足设计要求的逻辑功能后，再进行综合、布局布线和时序仿真，把握设计项目在实际器件的工作情况。

5. 器件编程

编程是把系统设计的下载或配置文件，通过编程电缆按一定的格式装入一个或多个PLD的编程存储单元，定义PLD内部模块的逻辑功能以及它们的相互连接关系，以便进行硬件调试和器件测试。器件编程需要满足一定的条件，如编程电压、编程时序和编程算法等。随着PLD集成度的不断提高，PLD的编程日益复杂，PLD的编程必须在开发系统的支持下才能完成。器件在编程完毕之后，对于具有边界扫描测试能力和在系统编程能力的器件来说，系统测试起来就更加方便，它可通过下载电缆下载测试数据，探测芯片的内部逻辑以诊断设计，并能随时修改设计重新编程。在整个设计实现过程中，开发软件还有许多设计规则检查程序可以利用来进行器件测试。

现代数字系统设计内容非常广泛，系统功能日趋完善和智能化。基于EDA的现代设计技术，具有标准化的设计方法和设计语言，已经成为信息产业界的共同平台，成为现代数字系统设计的必然选择。

第二节　Verilog HDL 基础

一、语言概述

Verilog HDL是一种硬件描述语言，支持从晶体管级到行为级的数字系统建模，于1983年开发，并于1995年成为IEEE标准。后来，设计人员在使用中发现了一些可改进之处，随后对其进行了修改和拓展，形成了Verilog-2001。这是一个重大改进的版本，也是目前应用最为广泛的版本，大多数商业电子自动化软件包均支持该版本。

Verilog HDL语言具有描述设计的行为特性、设计的数据流特性、设计的结构组成以及包含响应监控和设计验证方面的时延和波形产生的能力，所有这些都使用同一种建模语言。此外，Verilog HDL语言提供编程接口，通过该接口可以在模拟、验证期间从设计外部访问设计。

二、程序结构

模块(module)是Verilog HDL的基本描述单位，用于描述某个设计的功能或结构及与其他模块通信的外部接口。模块在概念上可等同于一个器件，就如我们调用通用器件(与门、三态门等)或通用宏单元(计数器、ALU、CPU)等,因此,一个模块可在另一个模块中调用。一个电路设计可由多个模块组合而成,因此一个模块的设计只是一个系统设计中的某个层次设计,模块设计可采用多种建模方式。

模块法是描述复杂的硬件电路的一种十分有效的方法,它可以将复杂的问题简单化。Verilog 语言描述硬件电路的基本设计单元是模块,模块是提供每个简单功能的基本结构,类似于 C 语言中的函数。采用"自顶向下"的设计思路,可以将复杂的功能模块划分为多个低层次、简单的模块,有利于系统级的层次划分和管理,显著提高了效率。

模块是并行运行的,习惯上使用一个高层模块来对其他模块进行调用。一个模块通过其输入和输出端口来连通更高层的设计模块,但又对其内部的具体体现进行了很好的隐藏。因此,在修改某个模块时,不会对整个设计中的其他部分造成影响,极大地方便了对程序的修改。

Verilog 程序包括端口定义、数据类型说明和逻辑功能定义部分。模块名是模块的唯一标识符,端口列表由输入、输出和双向端口组成,数据类型用来说明数据对象为网络还是变量,逻辑功能定义是通过使用逻辑功能语句实现具体的逻辑功能。

简单实例

1)加法器

```
module addr (a, b, cin, cout, sum);
        input [2:0] a;
        input [2:0] b;
        input cin;
        output cout;
        output [2:0] sum;
        assign {cout,sum} = a + b + cin;
endmodule
```

2)比较器

```
module compare(equal,a,b);
        input [1:0]   a,b;     // declare  the  input  signal ;
        output equare ;        // declare  the output signal;
        assign equare= (a= =b) ? 1:0 ;
        /* if  a=b , output  1, otherwise   0;* /
endmodule
```

3)三态驱动器

```
module mytri (din, d_en, d_out);
        input din; input d_en;
        output d_out;
```

```
        // -- Enter your statements here --  //
        assign d_out = d_en ? din :'bz;
endmodule

module trist (din, d_en, d_out);
        input din; input d_en;
        output d_out;

        // --  statements here --  //
        mytri  u_mytri(din,d_en,d_out);
endmodule
```

三、Verilog HDL 基本语法

1. 注释

在 Verilog HDL 中有两种注释的方式，一种是单行注释“//”，例如：

```
//verilog,
```

另一种是多行注释，以“/ * ”开始，以“ * /”结束，例如：

```
/*  verilog1,
verilog2,
...
verilogn * /
```

2. 标识符

1)简单标识符

标识符(identifier)用于定义模块名、端口名、信号名等。简单标识符可以是任意一组字母、数字、货币符号和下划线构成的组合，但标识符的第一个字符必须是字母或者下划线。另外，标识符对大小写敏感。以下是简单标识符的几个例子：

```
verilog
VERILOG  //与 verilog 不同
_train
US$
```

2)转义标识符

转义标识符以“\”开头，以空白结尾，可包含任何可打印字符。以下是转义标识符的几个例子：

```
\leocean
\1996_11_11
\* * * $ joke
\00/00
```

3. 关键字

在 Verilog HDL 内部使用的词叫作关键字，例如：always、wire、reg。注意只有小写的关键词才是保留字(附录 A)。例如，标识符 always (这是个关键词)与标识符 ALWAYS(非关键词)是不同的。

4. 常量

1)整型

整型数可分为简单的十进制数格式和基数格式，下面分别进行介绍：

(1)简单的十进制数格式，这种形式的整数定义为带有一个可选的“+”或“-”的一元操作符的数字序列，例如：

```
-90 // 十进制数-90
36 // 十进制数 36
```

(2)基数格式，这种形式的整数格式为：

```
[size] 'base value
```

size 定义以位计的常量的位长；base 为 b 时表示二进制，为 o 时表示八进制，为 d 时表示十进制，为 h 时表示十六进制；value 是基于 base 的值的数字序列，例如：

```
3 'b101 表示 3 位二进制数
4 'o1275 表示 4 位八进制数
8 'd93674312 表示 8 位十进制数
5 'hFFA09 表示 5 位十六进制数
```

注：基数格式计数形式的数通常为无符号数。

2)字符串型

字符串是双引号内的字符序列，不能分成多行书写。例如：

```
"Verilog HDL"
```

注：字符串是 8 位 ASCⅡ值的序列，因为用 8 位 ASCⅡ值表示的字符可看作是无符号整数。

5. 值集合

在 Verilog HDL 中规定了 4 种基本的值类型：

```
0:逻辑 0 或“假”;
1:逻辑 1 或“真”;
X:未知状态;
Z:高阻状态。
```

注：(1)这 4 种值的解释都内置于语言中，如一个为 Z 的值总是意味着高阻抗，一个为 0 的值通常是指逻辑 0 。

(2)在逻辑门的输入或一个表达式中的为“Z”的值通常解释成“X”。

(3)X 值和 Z 值都是不分大小写的。

6. 线网类型

在 Verilog HDL 语言中线网类型主要有 wire 和 tri 两种，其语义和语法基本一致。线网类型用于对结构化器件之间的物理连线的建模。如器件的管脚，内部器件如与门的输出等。

由于线网类型代表的是物理连接线，因此它不存贮逻辑值，必须由器件所驱动。通常由 assign 进行赋值，如 assign A＝B^C；

当一个 wire 类型的信号没有被驱动时，缺省值为 Z(高阻)。

信号没有定义数据类型时，缺省为 wire 类型。如上面一位全加器的端口信号 A，B，SUM 等，没有定义类型，故缺省为 wire 线网类型。

而 tri 主要用于定义三态的线网，描述多个驱动源驱动同一根线的网络类型。

7. 寄存器类型

寄存器类型 reg 是最常用的数据类型，寄存器类型通常用于对存储单元的描述。

注：reg 类型的变量不一定是存储单元，也能用于表示一个组合逻辑。reg 类型变量的定义格式：

```
reg [msb: lsb] reg;
```

其中，msb 和 lsb 定义了范围，并且均为常数值表达式。范围定义是可选的；如果没有定义范围，缺省值为 1 位寄存器。

8. 向量

在线网或寄存器类型声明中，若未指定范围，则默认其位宽为 1 比特，称其为标量；若指定了范围，则称其为向量。线网型和寄存器型向量都遵循模 2 运算法则，若未将其声明为有符号量或将其连接到一个已声明为有符号的数据端口，则将其看作无符号向量。下面为声明向量的例子：

```
wire c;                    // 声明一个线网络
reg[3:0]a,b                // 声明两个 4 位的寄存器类型变量
tri[7:0] databus           // 声明一个三态 8 位总线
```

9. 表达式与操作符

1)表达式

表达式可将操作数和操作符组合起来产生结果，可出现在任何有数值操作的地方，并且可以使用整数作为操作数。一个整数的表示可分为以下 3 种情况：

(1)没有宽度和基数的整数，例如：25。

(2)没有宽度但有基数的整数，例如：'h25。

(3)既有宽度又有基数的整数，例如：8'h25。

2)算术操作符

算术操作符有：

· 加法(二元操作符):“+”;

· 减法(二元操作符):“-”;

· 乘法(二元操作符):“ * ”;

· 除法(二元操作符):“/”;

· 取余(二元操作符):“%”;

· 乘方(二元操作符):“ * * ”;

下面举一些具体的例子:

3+2=5

6-3=3

1 * 6=6

8/4=2

5%2=1

2 * * 4=16

3)关系操作符

关系操作符有:

· >(大于)

· <(小于)

· >=(不小于)

· <=(不大于)

· ==(逻辑相等)

· ! =(逻辑不等)

关系操作符的结果为真(1)或假(0)。如果操作数中有一位为X或Z,那么结果为X,例如:15<71结果为真(1),而:4'oX127<36,结果为X;如果操作数长度不同,长度较短的操作数向左添0补齐,例如:'hFF>='hABC等价于'h0FF>='hABC,结果为假(0)。在逻辑相等与不等的比较中,只要一个操作数含有X或Z,比较结果为未知(X),如令:A1='b10x0,A2='b1x10;则:A1==A2比较结果为X。

4)逻辑操作符

逻辑操作符有:

· && (逻辑与)

· || (逻辑或)

· ! (逻辑非)

用法为:(表达式1) 逻辑运算符 (表达式2)……

这些操作符在逻辑值0(假) 或 1(真) 上操作,逻辑运算的结果为0或1,例如:

```
X= 'b0; //0为假
Y= 'b1; //1为真
```

则：X&&Y 结果为 0（假），X||Y 结果为 1（真），! Y 结果为 0（假）。

5）按位操作符

按位操作符有：

・～（一元非）：相当于非门运算。

・&（二元与）：相当于与门运算。

・|（二元或）：相当于或门运算。

・∧（二元异或）：相当于异或门运算。

・～∧，∧～（二元异或非即同或）：相当于同或门运算。

这些操作符在输入操作数的对应位上按位操作，并产生向量结果。

6）归约操作符

归约操作符有：

・&（归约与）：若存在位值为 0，则结果为 0；若存在位值为 X 或 Z，则结果为 X；其他情况为 1。

・～&（归约与非）：与 & 相反。

・|（归约或）：若存在位值为 1，则结果为 1；若存在位值为 X 或 Z，则结果为 X；其他情况为 0。

・～|（归约或非）：与|相反。

・∧（归约异或）：若操作数中有偶数个 1，则结果为 0；若存在位值为 X 或 Z，则结果为 X；其他情况为 1。

・～∧（归约异或）：与∧相反。

7）移位操作符

移位操作符有：

・＜＜（逻辑左移）。

・＞＞（逻辑右移）。

・＜＜＜（算术左移）。

・＞＞＞（算术右移）。

移位操作符左侧操作数移动右侧操作数所指定的位数，空闲位补 0，若右侧操作数值为 X 或 Z，则移位操作结果为 X。

8）条件操作符

条件操作符根据条件表达式的值选择表达式，形式如下：

```
cond_expr ? expr1 : expr2
```

如果 cond_expr 为真（即值为 1），选择 expr1；如果 cond_expr 为假（值为 0），选择expr2。如果 cond_expr 为 X 或 Z，结果将是按以下逻辑 expr1 和 expr2 按位操作的值：0 与 0 得 0，1 与 1 得 1，其余情况为 X。如下所示：

```
wire [2:0] S = M > 25 ? A : C;
```

计算表达式 M ＞ 25；如果真，S 赋值为 A；如果 M＜＝25，S 赋值为 C。

9)连接操作符

连接操作是将小表达式合并形成大表达式的操作。形式如下：

```
{expr1, expr2, …,exprN}
```

实例如下所示：

```
//以反转的顺序将低端 4 位赋给高端 4 位
wire[7:0] D; assign D [7:4] = {D[0], D[1], D[2], D[3]};
assign D = {D[3:0], D [7:4]};//高 4 位与低 4 位交换
```

10. 条件语句

条件语句 if 的语法如下：

```
if(condition_1)
        procedural_statement_1
{else if(condition_2)
        procedural_statement_2}
{else
        procedural_statement_3}
```

若 condition_1 为非零值，则 procedural_statement_1 被执行；若 condition_1 的值为 0、X 或 Z，则 procedural_statement_1 不执行；若存在一个 else 分支，则这个分支被执行，例如：

```
if(S< 31)
begin
        G = C;
        C = C + 1;
end
else if(S< 62)
begin
        G = B;
        B = B + 1;
end
else
begin
        G = A;
        A = A + 1;
end
```

11. case 语句

case 语句是一个多路条件分支形式，其语法如下：

```
case(case_expr)
case_item_expr{ ,case_item_expr} :procedural_statement
...
...
[default:procedural_statement]
endcase
```

case 语句首先对条件表达式 case_expr 求值，然后依次对各分支项求值并进行比较，第一个与条件表达式值相匹配的分支中的语句被执行；可以在 1 个分支中定义多个分支项；这些值不需要互斥；缺省分支覆盖所有没有被分支表达式覆盖的其他分支，例如：

```
case (data)
        1'h1 : L = 7'b1111001;
        1'h2 : L = 7'b0100100;
        1'b3 : L = 7'b0110000;
        1'b4 : L = 7'b0011001;
        1'h5 : L = 7'b0010010;
        1'h6 : L = 7'b0000010;
        1'h7 : L = 7'b1111000;
        1'h8 : L = 7'b0000000;
        1'h9 : L = 7'b0010000;
        1'hA : L = 7'b0001000;
        1'hB : L = 7'b0000011;
        1'hC : L = 7'b1000110;
        1'hD : L = 7'b0100001;
        1'hE : L = 7'b0000110;
        1'hF : L = 7'b0001110;
        default :L = 7'b1000000;
endcase
```

书写建议：case 的缺省项必须写，防止产生锁存器。

四、结构建模

1. 模块定义结构

我们已经了解到，一个设计实际上是由一个个 module 组成的。一个模块 module 的结构如下：

```
module module_name(port_list);
        Declarations_and_Statements
endmodule
```

端口队列 port_list 列出了该模块通过哪些端口与外部模块通信。

2. 模块端口

模块的端口可以是输入端口、输出端口或双向端口。缺省的端口类型为线网类型(即 wire 类型)。输出或输入输出端口能够被重新声明为 reg 类型。无论是在线网说明还是寄存器说明中,线网或寄存器必须与端口说明中指定的长度相同。下面是一些端口说明实例。

```
module Micro(PC, Instr, NextAddr);
        //端口说明
        input [3:1] PC;
        output [1:8] Instr;
        inout [16:1] NextAddr;
        //重新说明端口类型
        wire [16:1] NextAddr; //该说明是可选的,
    //因为缺省的就是 wire 类型,
    //但如果指定了,就必须与它的端口说明保持相同长度,
                        //这里定义线的位宽 16,是总线。
        reg [1:8] Instr;      //Instr 已被重新说明为 reg 类型,
            //因此它能在 always 语句或在 initial 语句中赋值。
        ...
endmodule
```

3. 实例化语句

例化语法　一个模块能够在另外一个模块中被引用,这样就建立了描述的层次。模块实例化语句形式如下:

```
module_name instance_name(port_associations);
```

信号端口可以通过位置或名称关联;但是关联方式不能够混合使用。端口关联形式如下:

```
port_expr //通过位置
.PortName(port_expr) //通过名称
```

例如:

```
...
module and (C,A,B);
input A,B;
output C;
...
and A1 (T3, A, B ); //实例化时采用位置关联,
          // T3 对应输出端口 C,A 对应 A,B 对应 B。
and A2 (.C(T3), .A(A), .B(B));// 实例化时采用名字关联,
          //.C 是 and 器件的端口,其与信号 T3 相连
...
```

port_expr 可以是以下的任何类型：

(1)标识符(reg 或 net)，如 . C(T3)，T3 为 wire 类型标识符。

(2)位选择，如 . C(D[0])，C 端口接到 D 信号的第 0bit 位。

(3)部分选择，如 . Bus (Din[5:4])。

(4)上述类型的合并，如 . Addr({ A1,A2[1:0]})。

(5)表达式(只适用于输入端口)，如 . A (wire Zire =0)。

建议：在例化的端口映射中采用名字关联，这样，当被调用的模块管脚改变时不易出错。

4. 悬空端口的处理

在我们的实例化中，可能有些管脚没用到，可在映射中采用空白处理，如：

```
DFF d1 (
    .Q(QS),
    .Qbar (),
    .Data (D) ,
    .Preset (), // 该管脚悬空
    .Clock (CK)
); //名称对应方式
```

对输入管脚悬空的，则该管脚输入为高阻 Z；输出管脚被悬空的，该输出管脚废弃不用。

5. 结构化建模具体实例

对一个数字系统的设计，我们采用的是自顶向下的设计方式。可把系统划分成几个功能模块，每个功能模块再划分成下一层的子模块。每个模块的设计对应一个 module，一个 module 设计成一个 Verilog HDL 程序文件。因此，对一个系统的顶层模块，我们采用结构化的设计，即顶层模块分别调用了各个功能模块(图 1-2)。

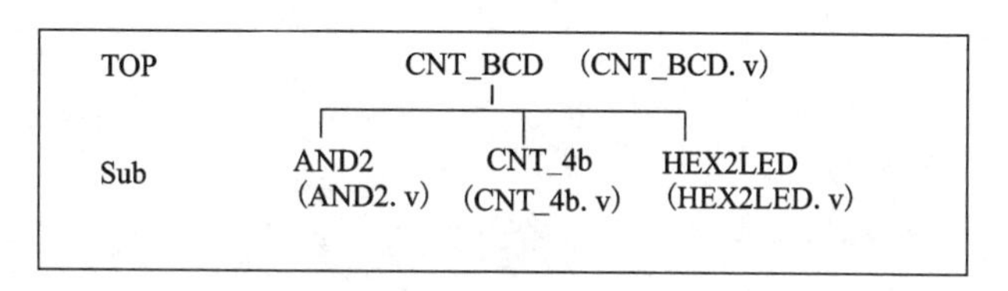

图 1-2　系统层次描述

下面以一个实例(一个频率计数器系统)说明如何用 HDL 进行系统设计。在该系统中，我们划分成如下 3 个部分：2 输入与门模块，LED 显示模块，4 位计数器模块。系统的层次描述如下：

顶层模块 CNT_BCD，文件名 CNT_BCD. v，该模块调用了低层模块 AND2、CNT_4b 和 HEX2LED。系统的电路结构图如图 1-3 所示。

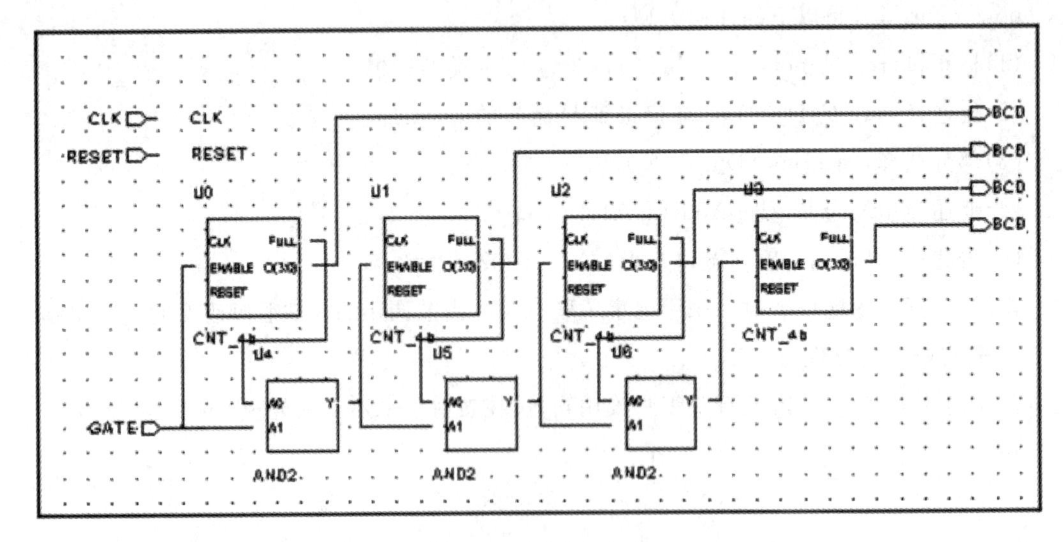

图 1-3　系统电路框图

顶层模块 CNT_BCD 对应的设计文件 CNT_BCD. v 内容为：

```
module CNT_BCD (BCD_A,BCD_B,BCD_C,BCD_D,CLK,GATE,RESET) ;
        // ------------- Port declarations --------- //
        input CLK;
        input GATE;
        input RESET;
        output [3:0] BCD_A;
        output [3:0] BCD_B;
        output [3:0] BCD_C;
        output [3:0] BCD_D;
        wire CLK;
        wire GATE;
        wire RESET;
        wire [3:0] BCD_A;
        wire [3:0] BCD_B;
        wire [3:0] BCD_C;
        wire [3:0] BCD_D;
        // ----------- Signal declarations -------- //
        wire NET104;
        wire NET116;
        wire NET124;
        wire NET132;
        wire NET80;
```

```
        wire NET92;
        // --------- Component instantiations ------- //
        CNT_4b U0( .CLK(CLK), .ENABLE(GATE),
                .FULL(NET80), .Q(BCD_A), .RESET(RESET) );
                        CNT_4b U1( .CLK(CLK), .ENABLE(NET116),
                .FULL(NET92), .Q(BCD_B), .RESET(RESET) );
                        CNT_4b U2( .CLK(CLK), .ENABLE(NET124),
                .FULL(NET104), .Q(BCD_C), .RESET(RESET) );
                        CNT_4b U3( .CLK(CLK), .ENABLE(NET132),
                .Q(BCD_D), .RESET(RESET) );
    AND2 U4( .A0(NET80), .A1(GATE), .Y(NET116) );
    AND2 U5( .A0(NET92), .A1(NET116), .Y(NET124) );
    AND2 U6( .A0(NET104), .A1(NET124), .Y(NET132) );
Endmodule
```

注意:这里的 AND2 是为了举例说明,在实际设计中,对门级不要重新设计成一个模块,同时对涉及保留字的(不管大小写)相类似的标识符最好不用。

6. 数据流建模

我们已经初步了解了数据流描述方式,本节对数据流的建模方式进一步进行讨论,主要讲述连续赋值语句、阻塞赋值语句、非阻塞赋值语句,并针对一个系统设计频率计数器的实例进行讲解。

1)连续赋值语句

数据流的描述是采用连续赋值语句(assign)语句来实现的。语法如下:

```
assign net_type = 表达式;
```

连续赋值语句用于组合逻辑的建模。等式左边是 wire 类型的变量,等式右边可以是常量、由运算符如逻辑运算符、算术运算符参与的表达。参见如下几个实例:

```
wire [3:0] Z, Preset, Clear;  //线网说明
assign Z = Preset & Clear;  //连续赋值语句
wire Cout, C i n ;
wire [3:0] Sum, A, B;
...
assign {Cout, Sum} = A + B + Cin;
assign Mux = (S = = 3)? D : 'bz;
```

注意如下几个方面:

(1)连续赋值语句的执行是:只要右边表达式任一个变量有变化,表达式立即被计算,计算的结果立即赋给左边信号。

(2)连续赋值语句之间是并行语句,因此与位置顺序无关。

2)阻塞赋值语句

“=”用于阻塞的赋值,凡是在组合逻辑(如在 assign 语句中)赋值的请用阻塞赋值。

7. 数据流建模具体实例

以上面的频率计数器为例,其中的 AND2 模块我们用数据流来建模。AND2 模块对应文件 AND2. v 的内容如下:

```
module AND2 (A0, A1, Y);
        input A0;
        input A1;
        output Y;
        wire A0;
        wire A1;
        wire Y;
        // add your code here
        assign Y = A0 & A1;
Endmodule
```

8. 行为建模

我们已经对行为描述方式有了基本概念,这里对行为建模进一步地进行描述,并通过一个系统设计频率计数器加以巩固。

1)简介

行为建模方式是通过对设计的行为的描述来实现对设计建模,一般是指用过程赋值语句(initial 语句和 always 语句)来设计的称为行为建模。

2)顺序语句块

语句块提供将两条或更多条语句组合成语法结构上相当于一条语句的机制。这里主要讲 Verilog HDL 的 顺序语句块(begin…end):语句块中的语句按给定次序顺序执行。顺序语句块中的语句按顺序方式执行。每条语句中的时延值与其前面的语句执行的模拟时间相关。一旦顺序语句块执行结束,跟随顺序语句块过程的下一条语句继续执行。顺序语句块的语法如下:

```
begin [:block_id{declarations}]
        procedural_statement(s)
end
```

例如:

```
// 产生波形
begin
        # 2 Stream = 1;
        # 5 Stream = 0;
```

```
        # 3 Stream = 1;
        # 4 Stream = 0;
        # 2 Stream = 1;
        # 5 Stream = 0;
end
```

假定顺序语句块在第 10 个时间单位开始执行。两个时间单位后第 1 条语句执行，即第 12 个时间单位。此执行完成后，下 1 条语句在第 17 个时间单位执行（延迟 5 个时间单位）。然后下 1 条语句在第 20 个时间单位执行，以此类推。该顺序语句块执行过程中产生的波形如图 1-4 所示。

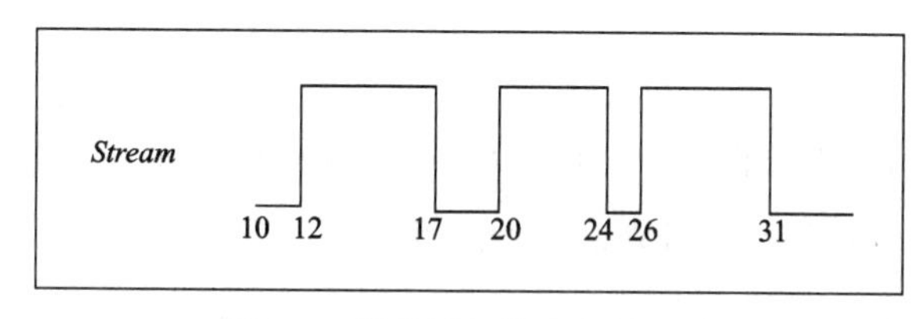

图 1-4　顺序语句块中积累延时

3）过程赋值语句

Verilog HDL 中提供两种过程赋值语句，initial 语句和 always 语句，用这两种语句来实现行为的建模。这两种语句之间的执行是并行的，即语句的执行与位置顺序无关。这两种语句通常与语句块（begin…end）相结合，则语句块中的执行是按顺序执行的。

（1）initial 语句。

initial 语句只执行一次，即在设计被开始模拟执行时开始（0 时刻）。通常只用在对设计进行仿真的测试文件中，用于对一些信号进行初始化和产生特定的信号波形。语法如下：

```
initial
[timing_control]
procedural_statement
```

procedural_statement 是下列语句之一：

```
// 阻塞或非阻塞性过程赋值语句
procedural_assignment(blocking or non-blocking)
procedural_continuous_assignment
conditional_statement
case_statement
loop_statement
wait_statement
disable_statement
event_trigger
task_enable (user or system)
```

如产生一个信号波形：

```
initial
begin
        # 2 Stream = 1;
        # 5 Stream = 0;
        # 3 Stream = 1;
        # 4 Stream = 0;
        # 2 Stream = 1;
        # 5 Stream = 0;
End
```

(2)always 语句。

always 语句与 initial 语句相反，是被重复执行。执行机制是通过对一个称为敏感变量表的事件驱动来实现的，下面会具体讲到。always 语句可实现组合逻辑或时序逻辑的建模。

例：

```
    initial
    Clk = 0;
    always
    # 5 Clk = ~ Clk;
```

因为 always 语句是重复执行的，因此，Clk 是初始值为 0 的，周期为 10 的方波。

例如：D 触发器

```
always @  (posedge Clk or posedge Rst)
begin
        if Rst
                Q <= 1'b0;
        else
                Q <= D;
```

上面括号内的内容称为敏感变量，即整个 always 语句当敏感变量有变化时被执行，否则不执行。因此，当 Rst 为 1 时，Q 被复位，在时钟上升沿时，D 被采样到 Q。

例：二选一的分配器

```
always @ ( sel, a, b)
        C = sel ? a : b;
```

这里的 sel，a，b 同样称为敏感变量，当三者之一有变化时，always 被执行，当 sel 为 1，C 被赋值为 a，否则为 b。描述的是一个组合逻辑 mux 器件。

注意以下几点：

(1)对组合逻辑的 always 语句，敏感变量必须写全，敏感变量是指等式右边出现的所有标识符如上的 a，b 和条件表达式中出现的所以标识符 如上例中的 sel。

(2)对组合逻辑器件的赋值采用阻塞赋值“=”。

(3)时序逻辑器件的赋值语句采用非阻塞赋值“<=”,如上的 Q<=D。

9. 行为建模具体实例

以上面的频率计数器为例,其中的 HEX2LED 和 CNT_4b 模块采用行为建模。CNT_4b 模块对应的文件 CNT_4b.v 的内容如下:

```
module CNT_4b (CLK, ENABLE, RESET, FULL, Q);
        input CLK;
        input ENABLE;
        input RESET;
        output FULL;
        output [3:0] Q;
        wire CLK;
        wire ENABLE;
        wire RESET;
        wire FULL;
        wire [3:0] Q;
        // add your declarations here
        reg [3:0] Qint;
        always @ (posedge RESET or posedge CLK)
        begin
            if (RESET)
                Qint = 4'b0000;
            else if (ENABLE)
            begin
                if (Qint = = 9)
                    Qint = 4'b0000;
                else
                    Qint = Qint +  4'b1;
            end
        end
        assign Q = Qint;
        assign FULL = (Qint = = 9) ? 1'b1 : 1'b0;
endmodule
```

该模块实现一个模 10 的计数器。

HEX2LED 模块对应的文件 HEX2LED.v 的内容为:

```
module HEX2LED (HEX, LED);
        input [3:0] HEX;
        output [6:0] LED;
        wire [3:0] HEX;
        reg [6:0] LED;
        // add your declarations here
        always @ (HEX)
        begin
            case (HEX)
                4'b0001 : LED = 7'b1111001; // 1
                4'b0010 : LED = 7'b0100100; // 2
                4'b0011 : LED = 7'b0110000; // 3
                4'b0100 : LED = 7'b0011001; // 4
                4'b0101 : LED = 7'b0010010; // 5
                4'b0110 : LED = 7'b0000010; // 6
                4'b0111 : LED = 7'b1111000; // 7
                4'b1000 : LED = 7'b0000000; // 8
                4'b1001 : LED = 7'b0010000; // 9
                4'b1010 : LED = 7'b0001000; // A
                4'b1011 : LED = 7'b0000011; // B
                4'b1100 : LED = 7'b1000110; // C
                4'b1101 : LED = 7'b0100001; // D
                4'b1110 : LED = 7'b0000110; // E
                4'b1111 : LED = 7'b0001110; // F
                default : LED = 7'b1000000; // 0
            endcase
        end
endmodule
```

该模块实现模 10 计数器的值到 7 段码的译码。至此，整个频率计数器的系统设计 4 个模块(4 个文件)我们已设计完毕。这就是 HDL 的自顶向下的设计方式和 HDL 的多种建模方式的应用。

10. 其他方面

以上的介绍仅为入门级，为了进行更多的设计，请大家在入门之后继续阅读一些参考书，主要了解一下常用的编译指令`define、`include，了解任务 task 的使用方法和状态机的设计。

五、Testbench 的编写

1. 仿真逻辑的构成

在设计完成之后,还必须对设计的功能的正确性进行验证(Verification),验证可以通过几种不同方式进行,其中仿真是一种常用的方法。仿真过程与在实验室内对实际电路进行测试过程极为类似。在实验室内对电路进行测试时,将激励信号(通常由信号源产生)连接到电路的输入端,之后通过逻辑分析仪等仪器观测电路的输出是否正确。仿真时,对设计模块施加激励信号,通过检查其输出信号是否满足预期来验证(Verify)设计的正确性。通常称完成测试功能的模块为激励块。

总体来说,在进行验证时需要考虑以下几个问题:

(1)设计者的设计实例。

(2)给这个电路提供输入驱动。

(3)观察电路的行为。

(4)判断电路的输出是否正确。

将激励块和设计块分开描述是一种良好的设计风格。激励块同样也采用 Verilog HDL 描述,不必采用另外其他的语言。激励块一般称为测试台(Testbench)。可以采用不同的测试台对设计进行全面的测试。

激励块的设计有两种模式:一种是在激励块中直接实例引用设计模块并直接驱动,如图 1-5 所示。

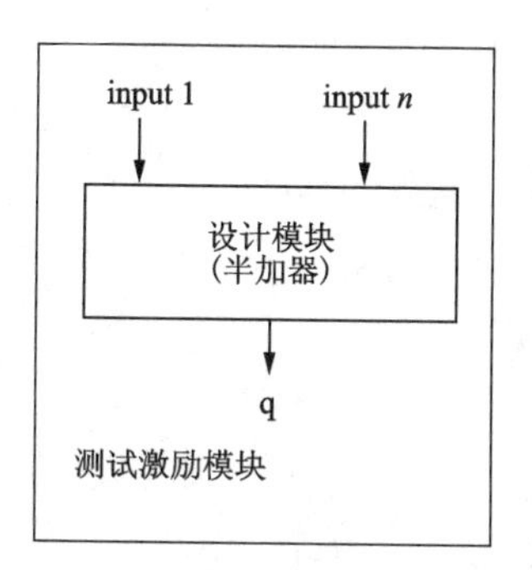

图 1-5　直接施加激励的 Testbench

另一种使用激励的模式是在一个虚拟的底层模块中实例引用激励快和设计块。激励块和设计块之间通过接口进行交互,如图 1-6 所示。

两种仿真测试方案各有特点:第一种方式的优点是设计相对简单;第二种方式由于激励独立设计,因而具有较高的通用性。

在写 Testbench 文件之前,清楚地了解待测试设计的设计规格(要求)是非常重要的,因为这些设计要求决定了 Testbench 文件的结构和测试场景,然后依次设计测试计划。

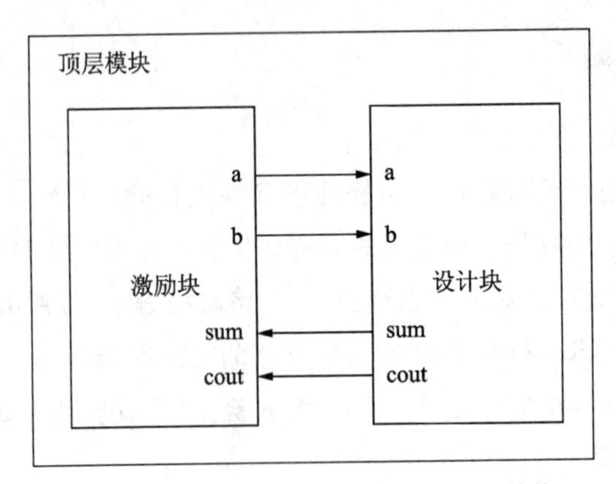

图 1-6　采用独立激励块的 Testbench 结构

2. 组合逻辑 Testbench

完成 Verilog HDL 代码设计之后,需要仿真设计的正确性,并将其综合成实际的物理电路。通常,仿真也在 Verilog HDL 框架下执行。采用 Verilog HDL 设计 Testbench 模拟实际的物理测试台。下例给出半加器电路一个 Testbench,仿真结果如图 1-7 所示。该例给出了组合逻辑电路的 Testbench 的一般结构。

```
module half_adder_beh1_testbench;
    // signal declaration
    reg test_in0, test_in1;
    wire test_out1,test_out2;
    // instantiate the circuit under test
    half_adder_beh1 uut(.a(test_in0), .b(test_in1),
        .sum(test_out1),.c_out(test_out2));
    //   test vector generator
    initial
    begin
        // test vector 1
        test_in0 = 1'b0;
        test_in1 = 1'b0;
        # 20;
        // test vector 2
        test_in0 = 1'b1;
        test_in1 = 1'b0;
        # 20;
        // test vector 3
        test_in0 = 1'b0;
        test_in1 = 1'b1;
```

```
            # 20;
            // test vector 4
            test_in0 = 1'b1;
            test_in1 = 1'b1;
            # 20;
            // test vector 5
            test_in0 = 1'b1;
            test_in1 = 1'b0;
            # 20;
            // test vector 6
            test_in0 = 1'b1;
            test_in1 = 1'b1;
            # 20;
            // test vector 7
            test_in0 = 1'b1;
            test_in1 = 1'b0;
            # 20;
            // stop simulation
            $ stop;
        end
endmodule
```

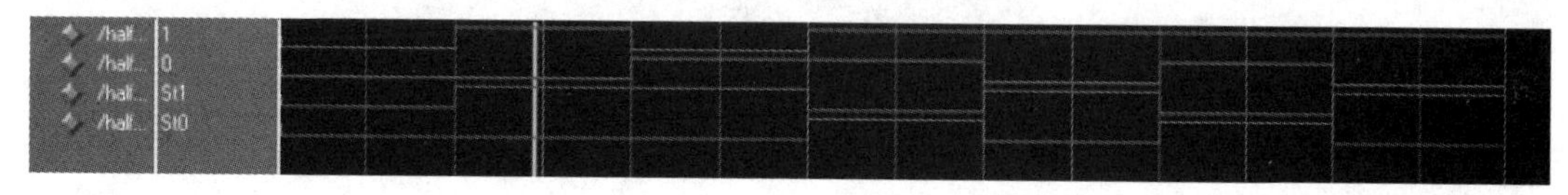

图 1-7　半加器仿真结果

Testbench 代码中包含了一个模块实例语句和 initial 块。模块实例语句实例待测模块半加器 half_adder_beh1，实例语句采用的是命名端口连接。initial 块用于产生测试激励，initial 语句是一种特殊的 Verilog 语法结构。该块中包含的语句从仿真开始时刻开始执行，而且只执行 1 次，而且 initial 语句块中的语句是顺序执行的。每一个激励的产生由以下 3 个语句实现：

```
// test vector 1
test_in0 = 1'b0;
test_in1 = 1'b0;
# 20;
```

前两句说明测试输入信号 test_in0 和 test_in1 的值，#20 说明沿延迟 20 时间单位，之后再执行其后的语句。$stop 是系统内部函数，表示结束该仿真过程。

3. 时序逻辑 Testbench

假设对一个 4bit 加计数器进行测试，当 enable 信号为高时计数器向上计数，当 reset 信号为高时计数器复位为 0，reset 信号与 clock 信号同步。代码如下：

```
// -----------------------------------------------------
// Design Name : counter
// File Name   : counter.v
// Function    : 4 bit up counter
// Coder       : Deepak
// -----------------------------------------------------
module counter (clk, reset, enable, count);
        input clk, reset, enable;
        output [3:0] count;
        reg [3:0] count;

        always @  (posedge clk)
            if (reset = = 1'b1)
            begin
                count< = 0;
            end
            else if ( enable = = 1'b1)
            begin
                count< = count +  1;
            end

endmodule
```

测试方案如图 1-8 所示。

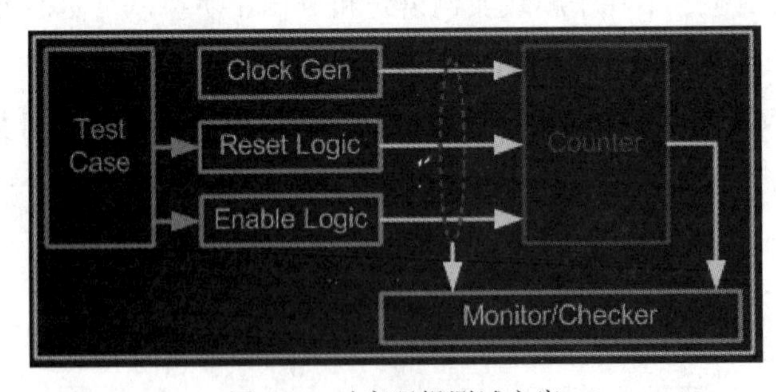

图 1-8　时序逻辑测试方案

Testbench 模块应该包括一个 clock 产生器，reset 信号产生器，enable 信号产生器，一个比较逻辑也需要用来计算期望的计数值并与计数器的输出进行比较。

测试场景包括：

(1)复位测试：首先使 reset 信号无效，接着使 reset 信号有效并持续几个时钟周期，然后再使 reset 信号无效，通过这些措施来观察当 reset 信号有效时计数器是否可以设置其输出为 0。

(2)使能测试：reset 信号测试完成后再通过使 enable 信号有效/无效来测试使能功能。

(3)随机测试：随机使 enable 和 reset 信号有效/无效，测试其功能。

(4)其他测试场景。

接下来就可以开始写 Testbench 模块，基本工作是声明 DUT 的输入为 reg 型，输出为 wire 型，并实例化 DUT。代码如下所示。

```
'timescale 1ns/ 1ps
module counter_tb;
        reg clk, reset, enable;
        wire [3:0] count;

        counter U0 (
        .clk    (clk),
        .reset  (reset),
        .enable (enable),
        .count  (count)
);

endmodule
```

接下来要在此基础上增加时钟产生器逻辑，而在增加时钟产生器之前，我们需要驱动所有输入到 DUT 的信号为确定的状态。代码如下所示。

```
module counter_tb;
        reg clk, reset, enable;
        wire [3:0] count;

        counter U0 (
        .clk    (clk),
        .reset  (reset),
        .enable (enable),
        .count  (count)
);

        initial
```

```
        begin
            clk = 0;
            reset = 0;
            enable = 0;
        end

        always
        # 5  clk =  ! clk;

endmodule
```

initial 块在其中只执行一次，其作用是将所有输入设置为 0 的初始状态。通过查看计数器实例代码我们可以发现，当 reset、enabel 和 clock 信号都为 0 时，这些信号都是无效的。

在仿真测试过程中，我们可以在屏幕上打印出各信号的状态信息以供设计者观察，这些确定时刻的网表或寄存器的值给调试提供了非常重要的信息。在 Verilog HDL 中提供了多个显示命令，其中最常用的有两个。

(1) $ display。

$ display 常用来打印一些字符或者变量到屏幕，语法和 C 语言中的 printf 函数相同。例如：

```
$ display("\t\ttime,\tclk,\treset,\tenable,\tcount");
$ display($ time, "<< count = % d - Turning ON
                              count enable >> ",count);
```

其中引号内部分是要显示的内容，在其中也可以使用转义字符，如"\t"代表插入 tab。变量的显示格式由格式控制符规定，如%b 代表二进制，%h 代表十六进制，%d 代表十进制。另一个在 $ display 中使用的重要元素是 $ time，它代表当前的仿真时间。

(2) $ monitor。

$ monitor 与 $ display 有少许不同，$ monitor 除了可以在屏幕上显示信息外，还持续监测着变量列表中变量的变化，任何变量在任何时刻发生变化，该命令都会按照规定的格式显示他们的值。

```
$ monitor("% d,\t% b,\t% b,\t% b,\t% d",$ time, clk,reset,enable,count);
```

复位逻辑的添加有多种不同的方法，可以在 initial 块里直接控制复位信号的变化。注意在此例中复位信号与时钟同步。如下所示。

```
    initial
    begin
            # 20;
            @ (negedge clk);//
            reset = 1;
```

```
        $ display($ time,"reset is asserted");
        # 20;
        repeat(3) @ (negedge clk);//
        reset = 0;
        $ display($ time,"reset is de- asserted");

end
```

另外,也可以采用称为“events”的方法,事件能够被触发,也可以被监控事件是否发生。比如对于复位信号逻辑,可以让其被“reset_trigger”事件触发,当此事件发生,复位逻辑使复位信号在时钟下降沿有效并在下一个时钟下降沿无效。当复位信号无效后,复位逻辑可以触发另一个事件“reset_done_trigger”。这个触发事件可以用来与其他信号同步。代码如下所示。

```
event reset_trigger;
event  reset_done_trigger;
initial
begin
        forever
        begin
                @  (reset_trigger);
                @  (negedge clk);
                reset = 1;
                @  (negedge clk);
                reset = 0;
                -> reset_done_trigger;
        end
end
```

如果要让上面的代码执行复位测试,那么“reset_trigger”事件必须先发生,可以用如下代码实现。

```
initial
begin: TEST_CASE
        # 10  -> reset_trigger;
end
```

在此基础上也可以对 enable 信号进行测试,代码如下所示。

```
initial
begin: TEST_CASE
        # 10  -> reset_trigger;
```

```
        @  (reset_done_trigger);
        @  (negedge clk);
        enable = 1;
        repeat (10) begin
                @  (negedge clk);
        end
        enable = 0;
end
```

复位信号和使能信号随机测试,代码如下所示。

```
initial
begin : TEST_CASE
        # 10  -> reset_trigger;
        @  (reset_done_trigger);
        fork
                repeat (10) begin
                @  (negedge clk);
                enable = $ random;
                end
                repeat (10) begin
                        @  (negedge clk);
                        reset = $ random;
                end
        join
end
```

注意在此例中,3 种测试场景不能同时存在于一个测试文件中,因为这 3 个 initial 块中都存在对 reset 和 enable 信号的驱动,会因为竞争条件而使仿真终止。为了更好地控制仿真结束,可以添加一个“terminate_sim”事件,并且当这个事件被触发后执行 $ finish 命令。代码如下所示。

```
event terminate_sim;
initial
begin
        @  (terminate_sim);
                # 5  $ finish;
end
```

“terminate_sim”事件可以在其他测试场景中触发。

```
initial
begin: TEST_CASE
        # 10  -> reset_trigger;
        @  (reset_done_trigger);
        @  (negedge clk);
                enable = 1;
        repeat (10) begin
                @  (negedge clk);
        end
        enable = 0;
        # 5  -> terminate_sim;
end
```

计数场景测试可以通过比较逻辑和检查逻辑来实现，代码如下所示。

```
reg [3:0] count_compare;
always @  (posedge clk)
        if (reset == 1'b1)
        begin
                count_compare<= 0;
        end
        else if ( enable == 1'b1)
        begin
                count_compare<= count_compare + 1;
        end
always @  (posedge clk)
        if (count_compare ! = count)
        begin
                $ display ("DUT Error at time % d", $ time);
                $ display (" Expected value % d, Got Value % d",
                        count_compare, count);
                # 5 -> terminate_sim;
        end
```

对于复杂的仿真，一般需要记录波形和数据到文件中，在 Verilog HDL 中也提供了相应的命令。常见的波形文件一般有两种，vcd 和 fsdb，debussy 是个很好的工具，支持 fsdb，所以最好是 modelsim+debussy 的组合，在默认情况下，modelsim 不认识 fsdb，所以需要先装 debussy，再生成 fsdb 文件。

$dumpfile 和 $dumpvar 是 Verilog 语言中的两个系统任务，可以调用这两个系统任务来创建和将指定信息导入 VCD 文件。VCD 文件是在对设计进行的仿真过程中，记录各种信号取值变化情况的信息记录文件。EDA 工具通过读取 VCD 格式的文件，显示图形化的仿真波形，所以，可以把 VCD 文件简单地视为波形记录文件。对于 $ dumpfile 和 $ dumpvar 更复杂的用法请查阅相关资料。

```
initial
begin
        $ dumpfile ("counter.vcd");
        $ dumpvars;
end
```

对于 fsdb 文件来说，对应的命令是 $ fsdbDumpfile，$ dumpfsdbvars。

```
initial
begin
        $ fsdbDumpfile("tb_xxx.fsdb");
        $ fsdbDumpvars(0,tb_xxx);
end
```

编写完整的 Testbench，产生详尽的测试激励需要掌握详细的 Verilog HDL 语法。本例给出的代码可以作为 Testbench 编写的模板使用，测试时只需要将待测实例语句改为待测模块就可以。附录 B 提供了一个完整的 Testbench 文件给大家参考。

第三节　Quartus Ⅱ使用方法

一、软件介绍

Quartus Ⅱ是 Altera 公司的综合性 PLD/FPGA 开发软件，原理图、VHDL、Verilog HDL 以及 AHDL(Altera Hardware 支持 Description Language)等多种设计输入形式，内嵌自有的综合器以及仿真器，可以完成从设计输入到硬件配置的完整 PLD 设计流程。

Quartus Ⅱ可以在 Windows、Linux 以及 Unix 上使用，除了可以使用 Tcl 脚本完成设计流程外，提供了完善的用户图形界面设计方式。具有运行速度快、界面统一、功能集中、易学易用等特点。

Quartus Ⅱ支持 Altera 的 IP 核，包含了 LPM/MegaFunction 宏功能模块库，使用户可以充分利用成熟的模块，简化了设计的复杂性，加快了设计速度。对第三方 EDA 工具的良好支持也使用户可以在设计流程的各个阶段使用熟悉的第三方 EDA 工具。

此外，Quartus Ⅱ通过和 DSP Builder 工具与 Matlab/Simulink 相结合，可以方便地实现各种 DSP 应用系统；支持 Altera 的片上可编程系统(SOPC)开发，集系统级设计、嵌入式软件开发、可编程逻辑设计于一体，是一种综合性的开发平台。Altera Quartus Ⅱ作为一种可编程逻辑的设计环境，由于其强大的设计能力和直观易用的接口，越来越受到数字系统设计者的欢迎。

二、建立 Verilog HDL 工程

1. 打开一个例程

由于 QuartusⅡ软件的特性，该软件无法打开包含中文路径的文件，所以请记住将工程文件放在英文目录下，并且不要有空格，不然可能将无法打开。

打开 QuartusⅡ13.0，在开始界面中选中“Open Existing Project”，如图 1-9 所示。

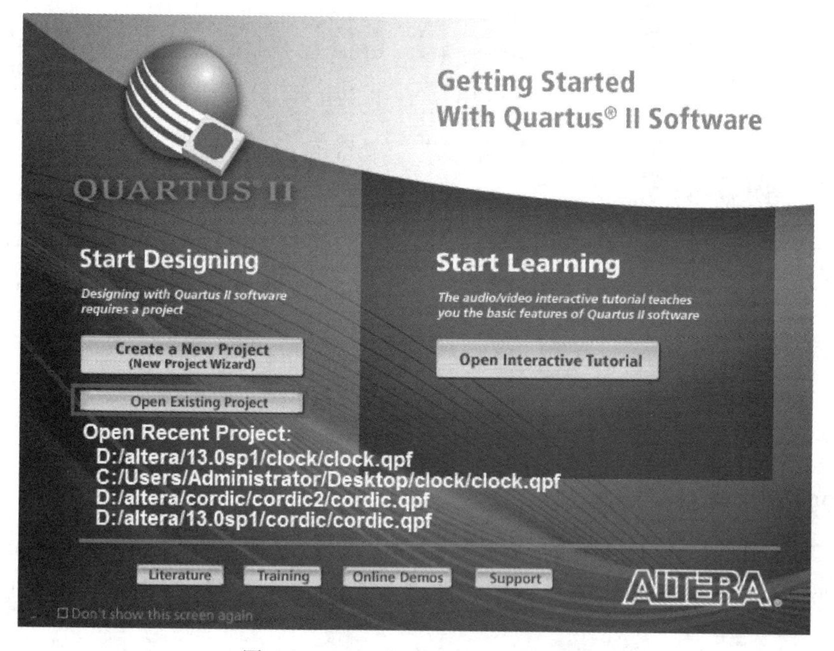

图 1-9　Quartus Ⅱ 13.0 开始界面

选中 clock 文件夹中的“clock. qpf”工程文件，如图 1-10 所示。

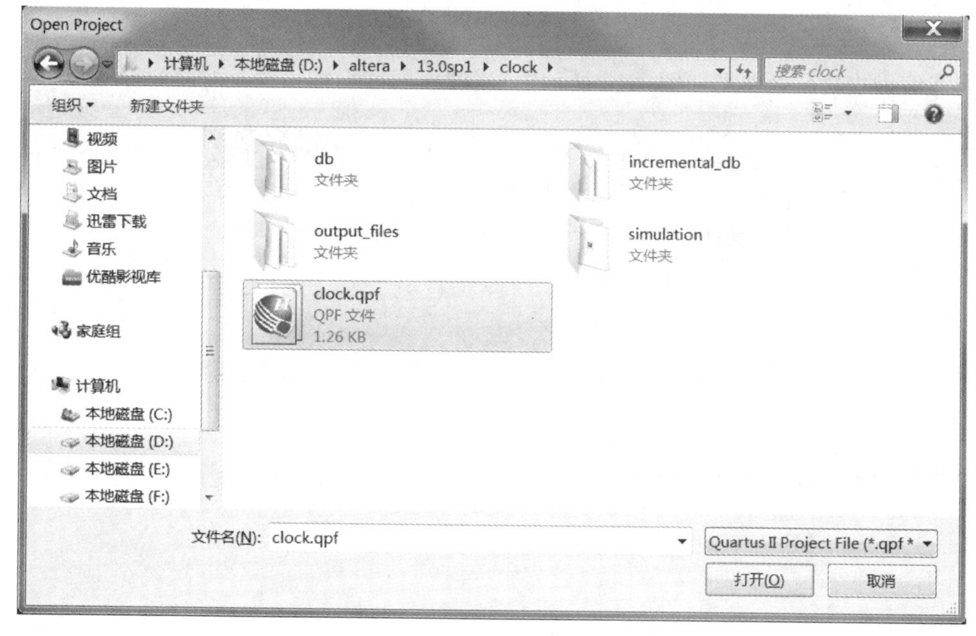

图 1-10　打开工程文件

打开工程文件后，如图 1-11 所示。

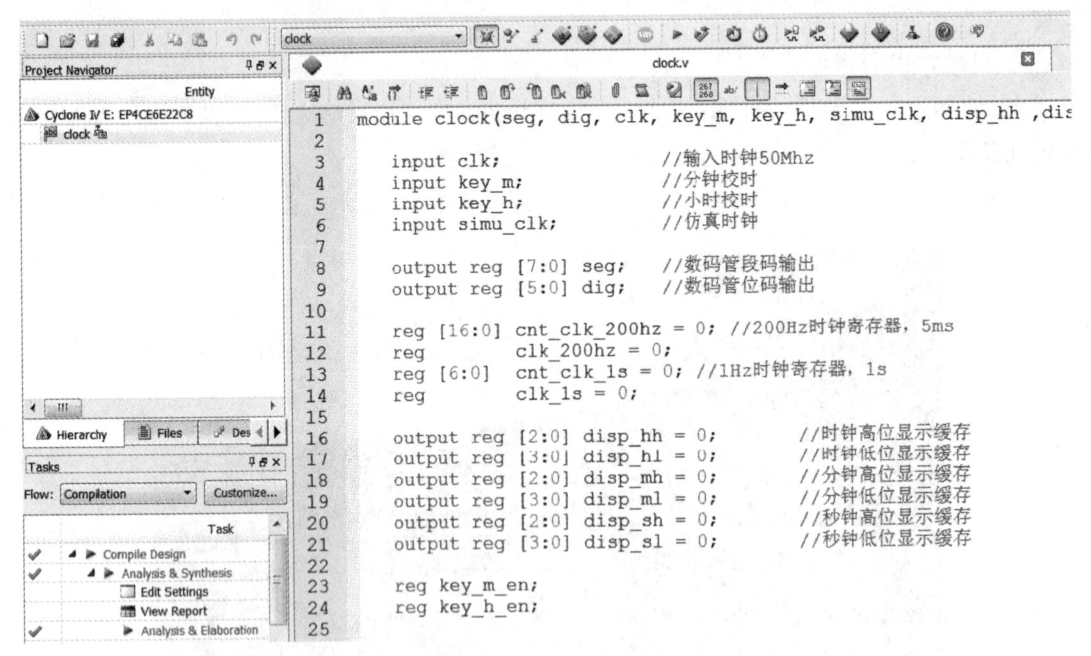

图 1-11　编程界面

2. 用 JTAG 下载 SOF 文件

SOF 文件是用 JTAG 口下载的，下载后会掉电丢失，主要用于程序调试过程，平时学习推荐使用这种模式。下载也很简单，点击工具栏上的编译(Compile)图标，如图 1-12 黑色框所示。

图 1-12　Compile 按钮

等待编译成功后会弹出如图 1-13 所示窗口(警告暂可不管)。

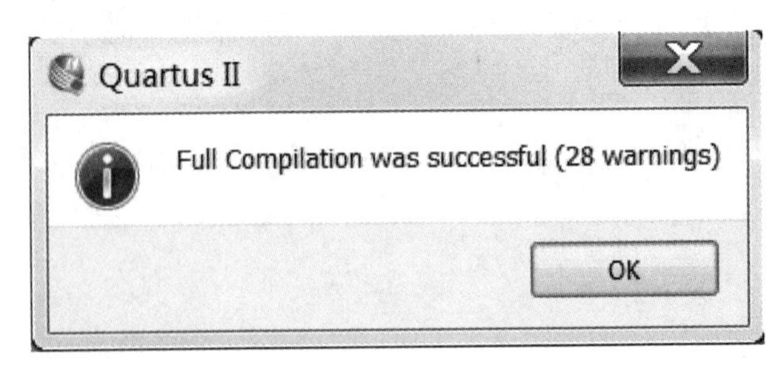

图 1-13　编程成功提示

点击"Pin Planner"按钮，根据硬件电路图配置引脚，然后再编译一遍，如图 1-14 所示。

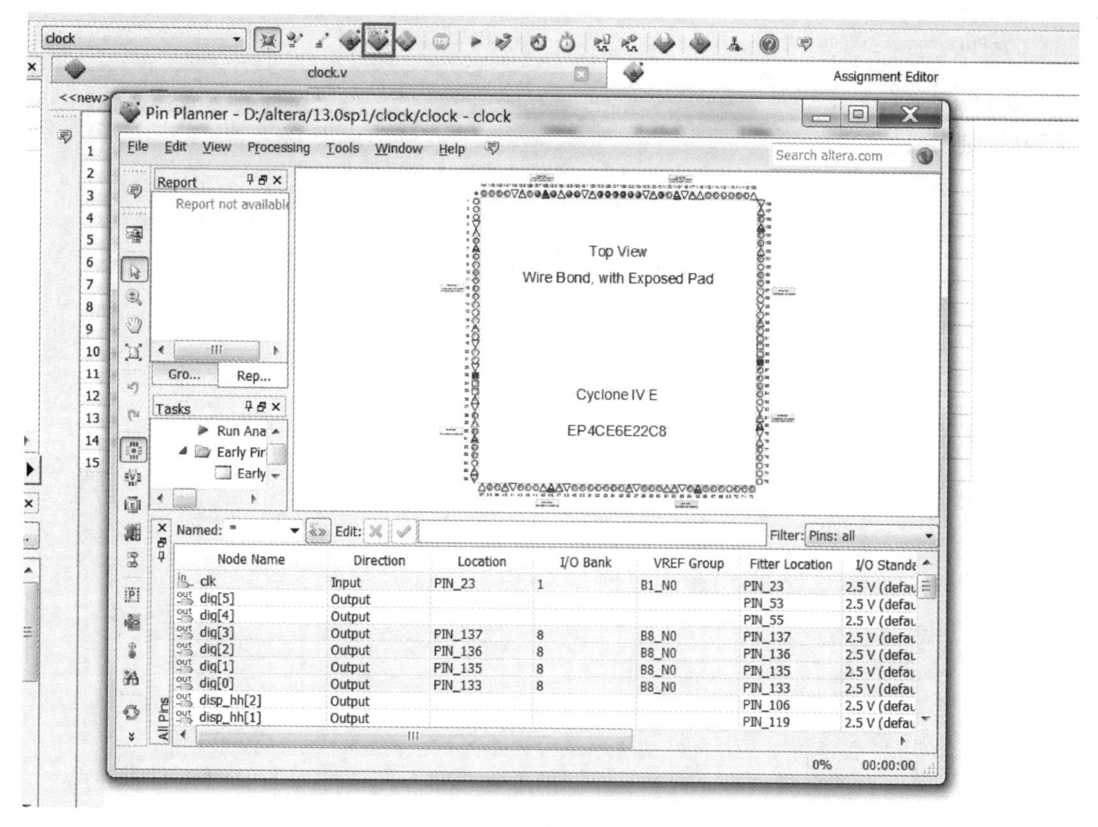

图 1-14　引脚配置界面

之后点击“Programmer”图标(图 1-15 黑色框所示)，进入下载配置界面，如图 1-15 所示。

图 1-15　下载配置按钮

点击如图 1-16 所示的“Hardware Setup”，然后在图 1-17 中选择下载硬件为：“USB-Blaster”。注意：若没有插入 USB-Blaster 下载器，或是没有安装该下载器的驱动，则不会出现“USB-Blaster”选项。

关闭后，回到编程窗口，注意图 1-18 中各个黑色框选择。

图 1-18 重点地方打了黑框，并编号 1，2，3，4，5，依次如下：

(1)选择下载器硬件设备，前面已经设好。

(2)选择下载方式。

(3)选择下载文件，点击 ADD File，把. sof 的文件加进来。

(4)在 Program /configure 处打√。

(5)点 Start 下载。

点“Start”下载后，开发板上配置指示灯会闪一下，然后数码管会显示数字时钟，如图 1-19 所示。

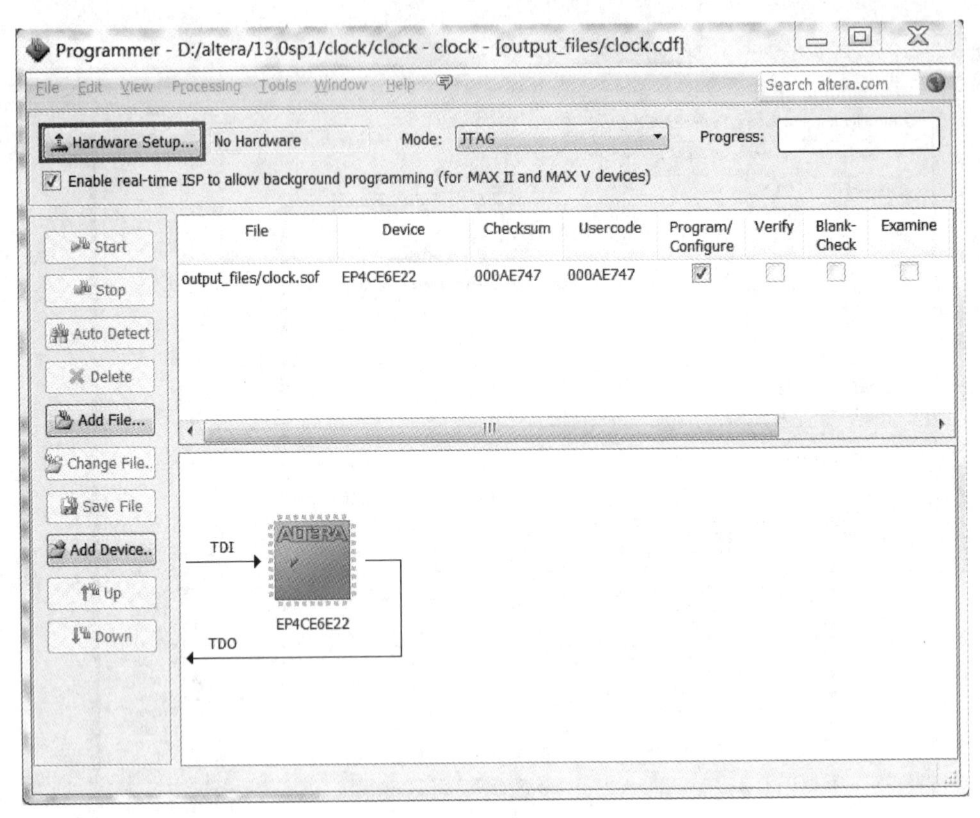

图 1-16　选择下载器

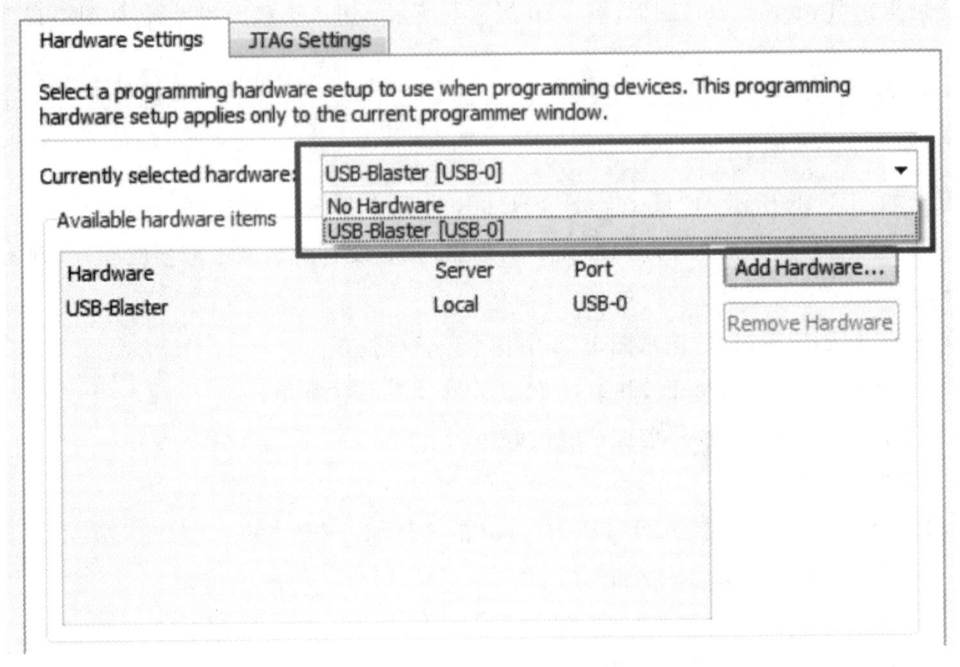

图 1-17　选择 USB-Blaster

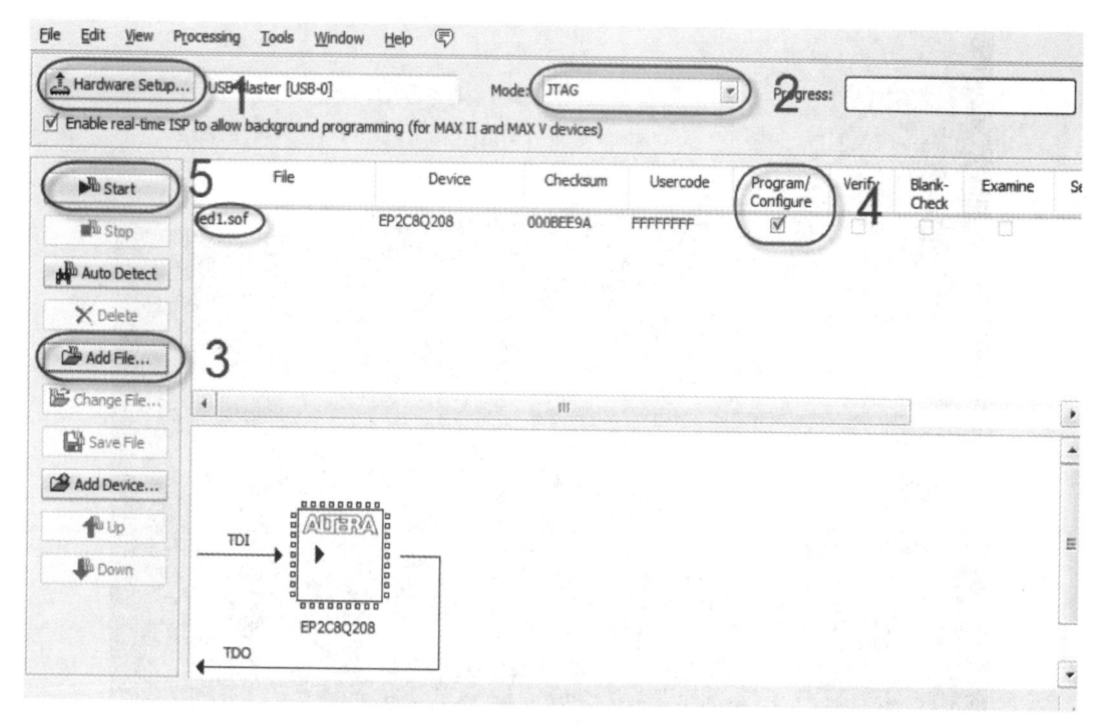

图 1-18　配置其他选项

图 1-19　烧录程序成功

3. 新建一个工程

打开 QuartusⅡ13.0，在开始界面中选中“Create a New Project/New Project Wizard”，如图 1-20 所示。

首先出现的是新工程向导介绍页面，提醒用户接下来要做的主要工作，如果熟悉可以直接跳过，如图 1-21 所示。

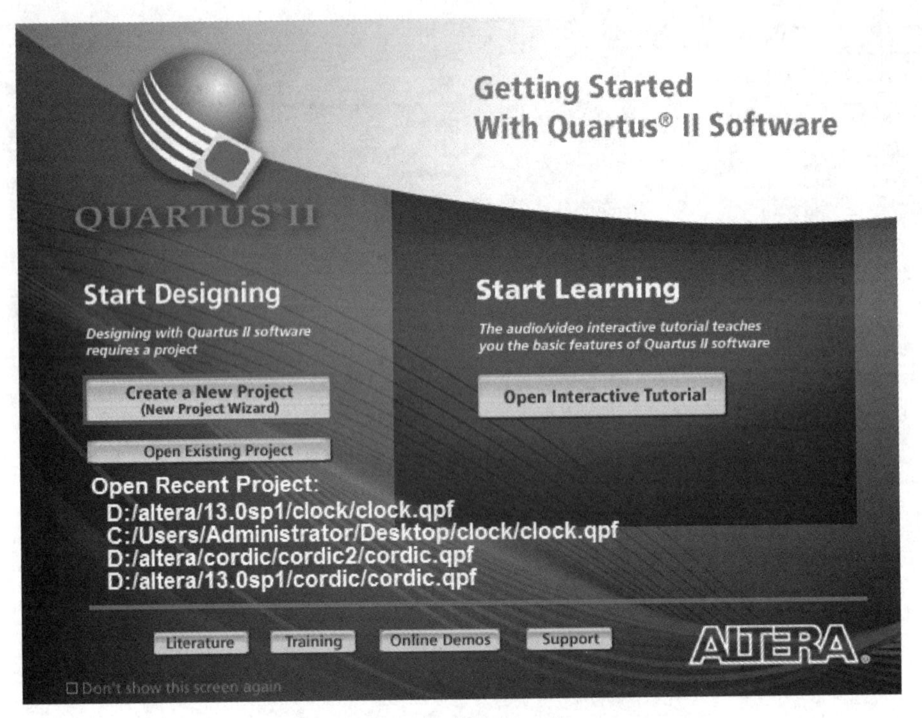

图 1-20　创建新工程

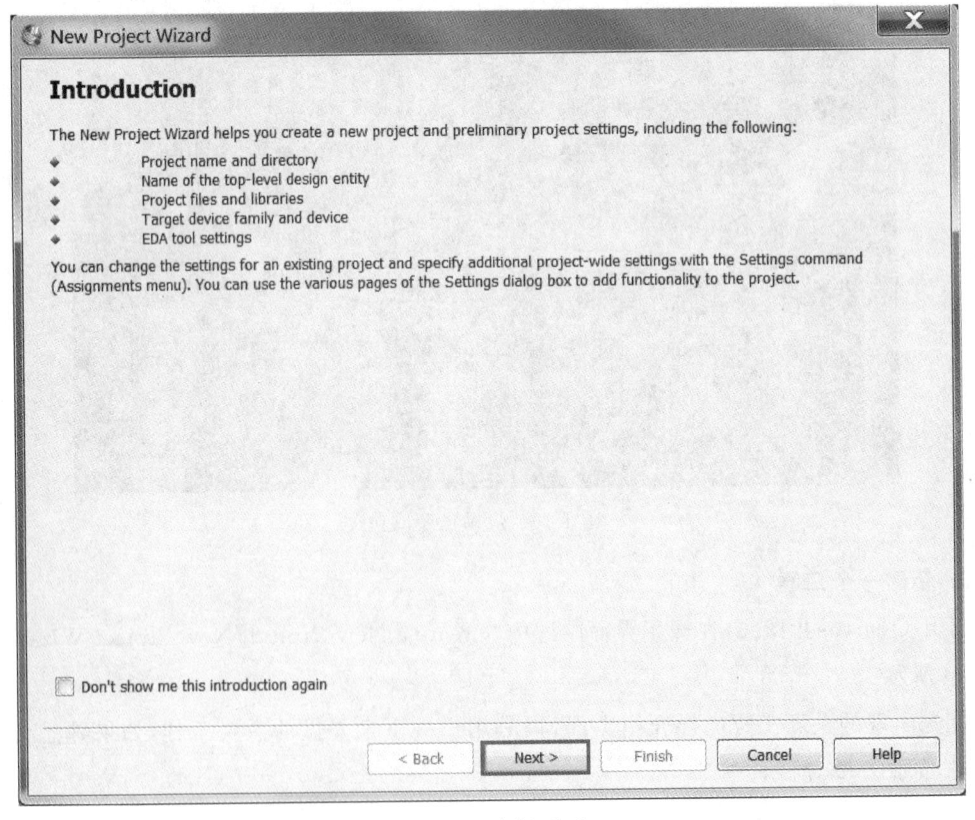

图 1-21　介绍页面

点击“Next”进入工程设置界面，如图 1-22 所示。在此界面可以选择工程所在的文件夹（路径不能含有中文），工程名填写的同时下面的顶层文件名会自动填写为和工程名相同（文件名同样不能含有中文），填写完成后点击“Next”。

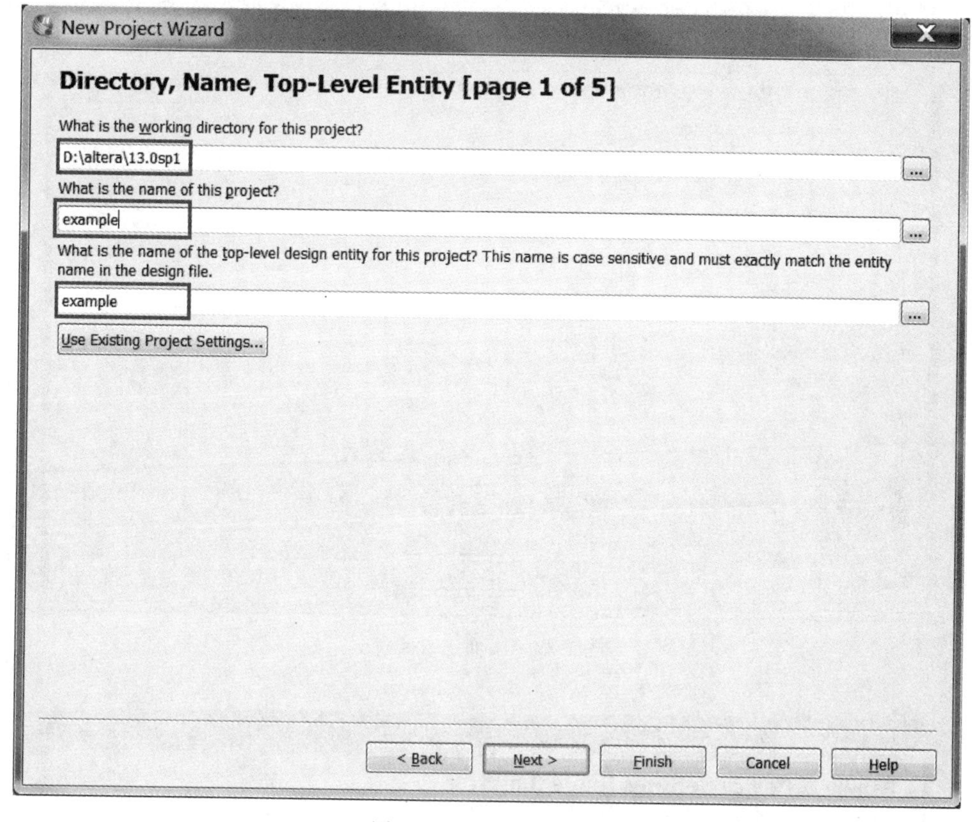

图 1-22　工程设置界面

下一界面为添加文件界面，在此界面可以添加已经存在的程序文件。如不需要添加文件则直接点击“Next”进入下一界面，如图 1-23 所示。

在此界面可以选择所用 FPGA/PLD 器件的系列和型号。实验室所使用的 FPGA 开发板型号为 CycloneⅡ系列的 EP2C5Q208C8，如图 1-24 所示。

选择好 FPGA 器件型号后，点击“Next”进入到 EDA 工具选择界面，如图 1-25 所示。选择仿真软件为 ModelSim，语言为 Verilog HDL，若没有安装 ModelSim，则可以直接点击“Next”跳过进入下一个工程设置总结界面，在其中会列出用户所有的选择供用户查看。如果不需要查看则可以直接点击“Finish”完成新工程建立向导。

工程建立完成后，点击“File”按钮新建一个 Verilog HDL 脚本文件，如图 1-26 所示。

建立完成后可以在右侧空白部分写入程序，若要保存文件，点击“Save”按钮，如图 1-27 中黑色方框所示。

文件默认保存在和工程相同的目录下，且默认保存文件的同时将该文件添加到工程当中，如图 1-28 所示。文件名和工程名相同，另外顶层文件的例化模块名称也应该和工程名相同。

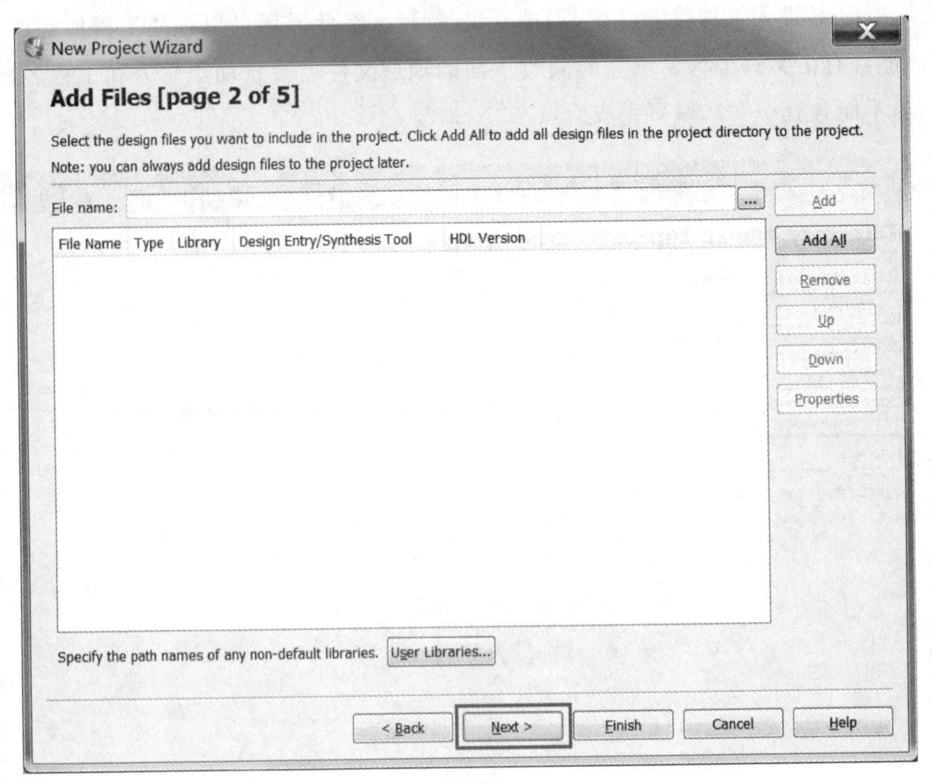

图 1-23　添加已有文件

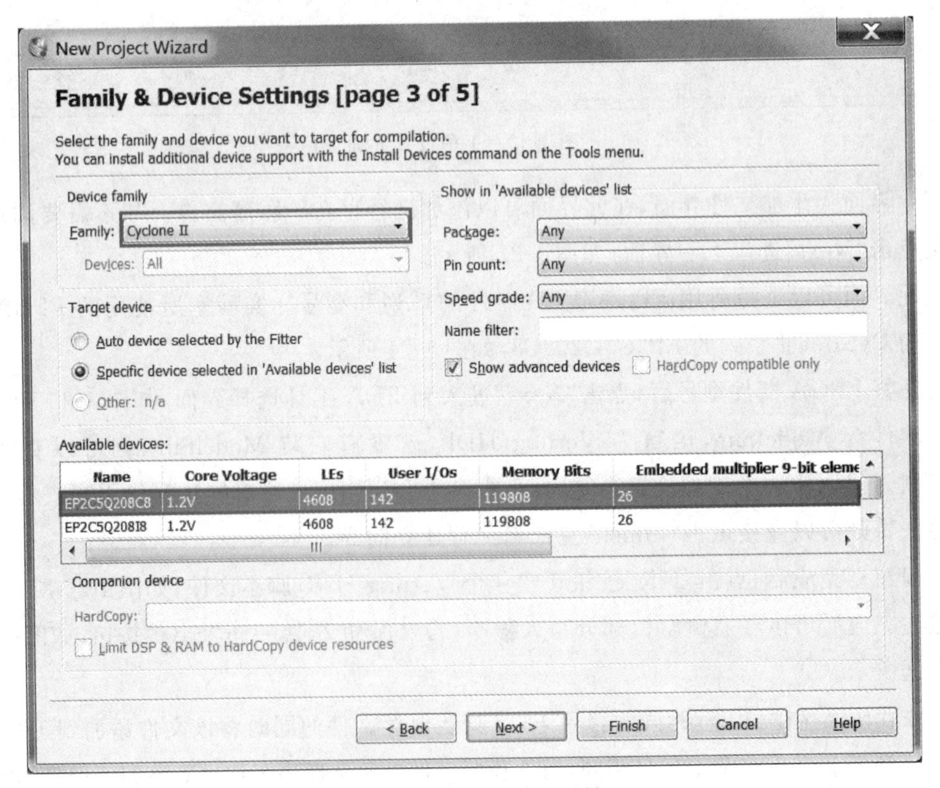

图 1-24　选择 FPGA 型号

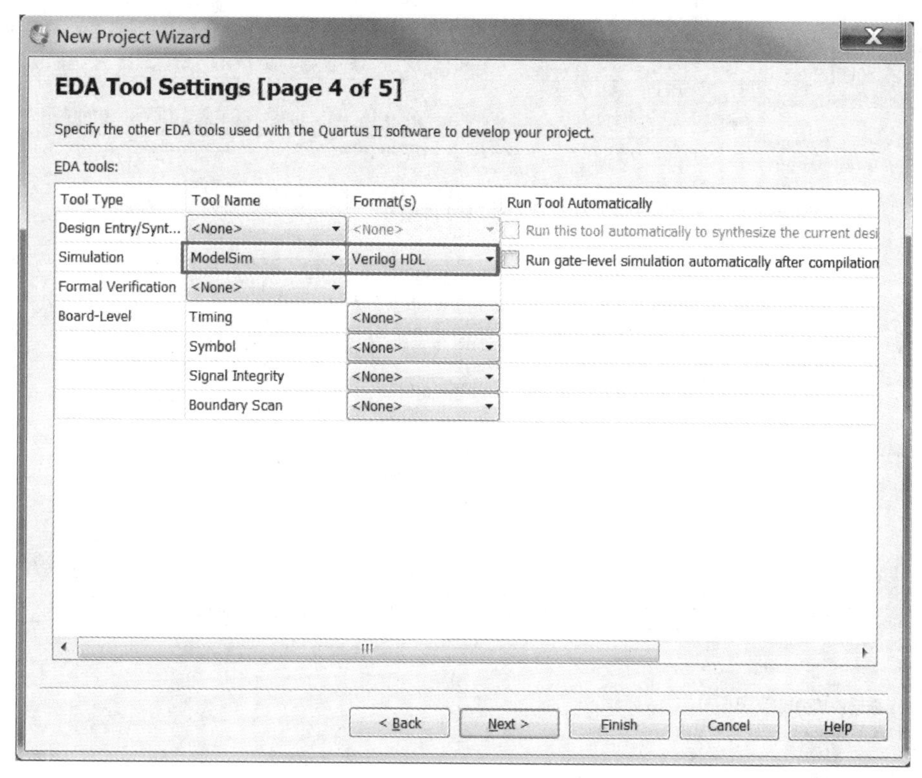

图 1-25　选择 EDA 工具

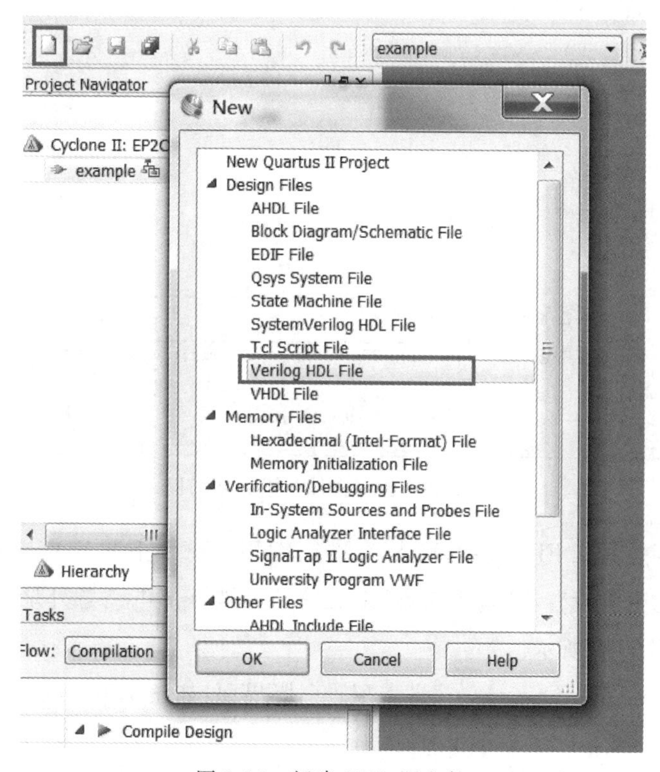

图 1-26　新建 HDL 源文件

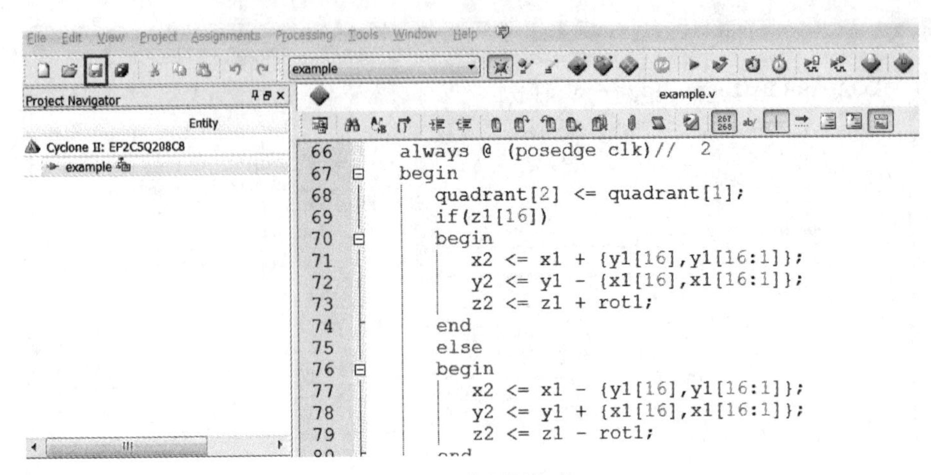

图 1-27 编写源文件

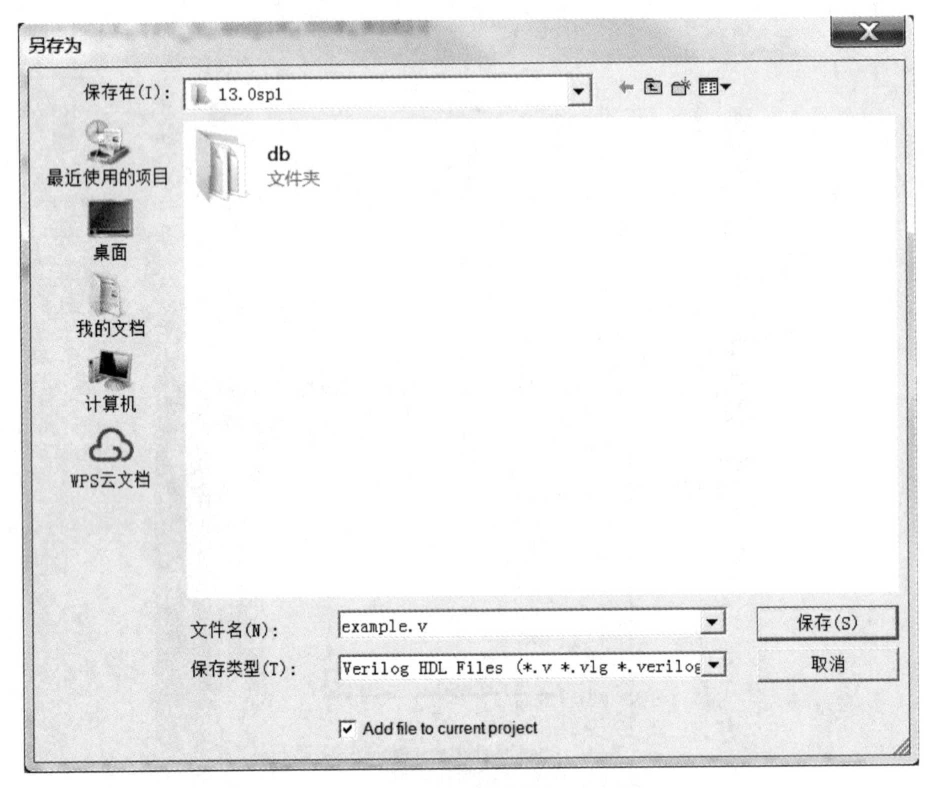

图 1-28 保存文件并添加到工程

若最后程序要烧写到 FPGA 中，可参考之前的“用 JTAG 下载 SOF 文件”，在不过引脚配置之前要将其余的引脚设置为“输入三态”来保护其不被外部电路意外烧毁。先点击“Device Assignment”，如图 1-29 所示。

点击“Device and Pin Options…”进入配置引脚界面，如图 1-30 所示。

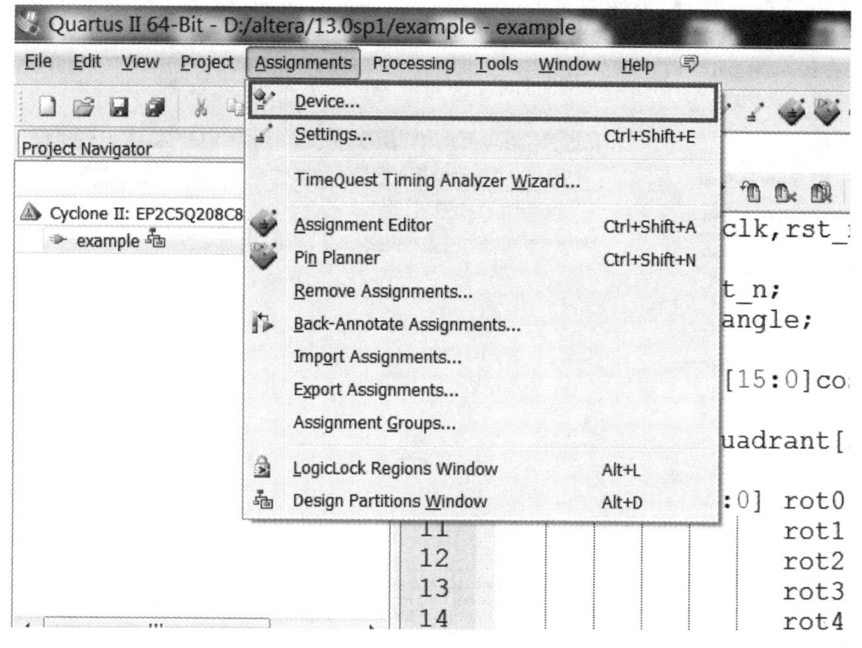

图 1-29 器件配置界面

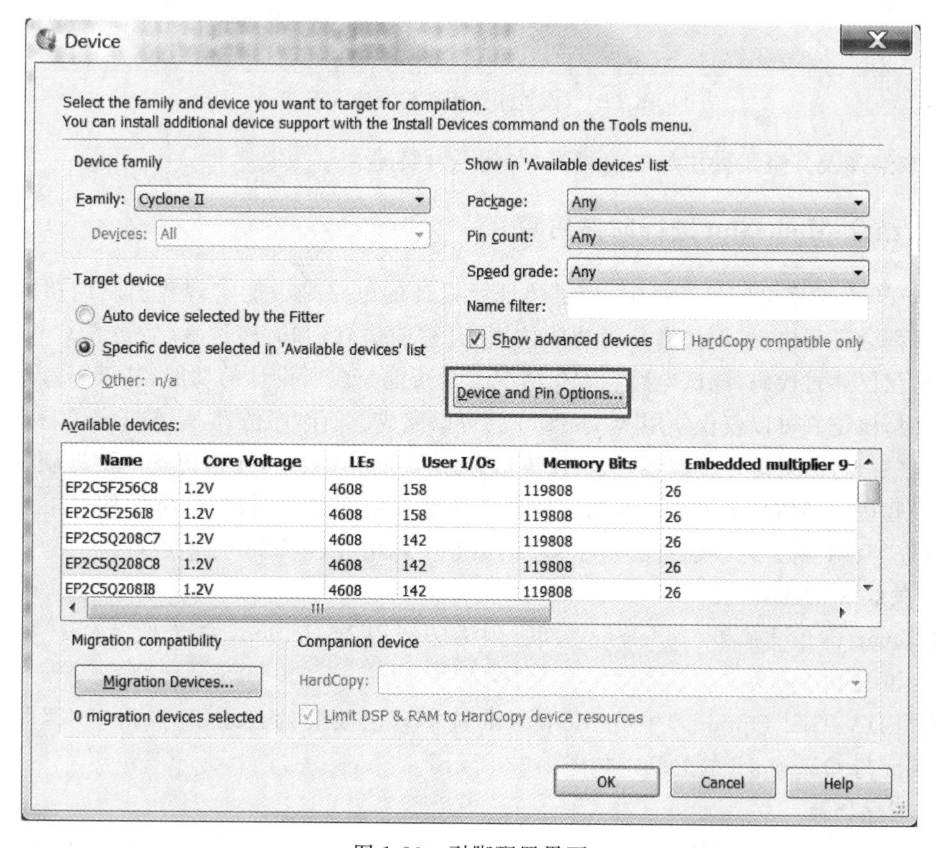

图 1-30 引脚配置界面

将“Unused Pins”配置为如图 1-31 所示的“As input tri-stated”。点击“OK”配置完成。

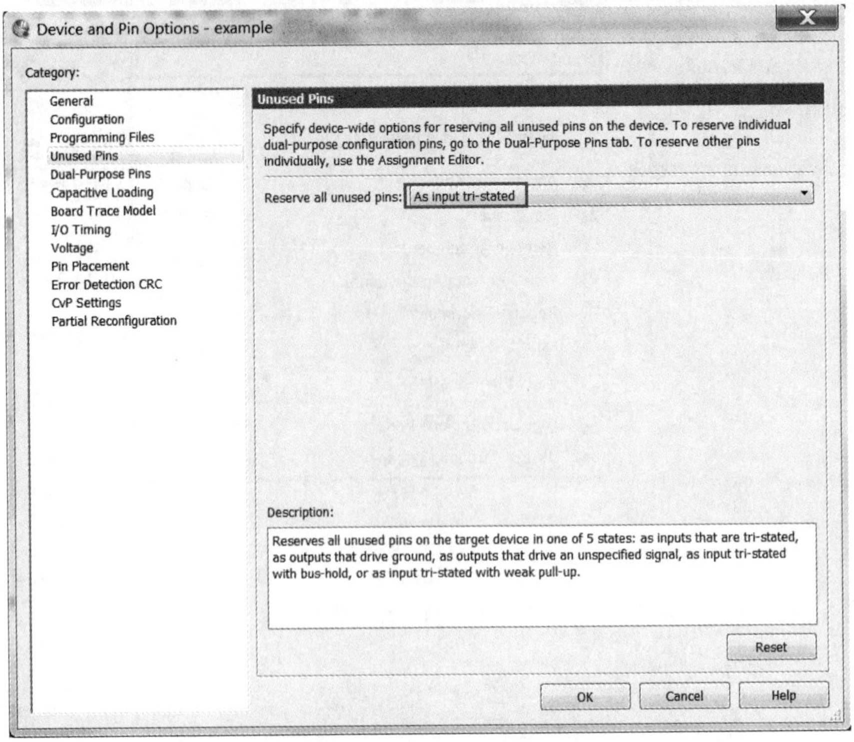

图 1-31　配置未使用引脚为输入三态

其余编译及其烧录操作与之前相同，在此不再赘述。

三、结合 ModelSim 进行时序仿真

在 FPGA 数字电路设计当中，为了验证所设计的电路是否能实现我们所期望的逻辑功能，往往都会进行仿真，而仿真分为功能仿真（又称前仿真）和时序仿真（后仿真）。所谓功能仿真，即仅仅通过代码，测试电路在理想情况下是否能完成所设计的功能，甚至不考虑信号传输的延时，该仿真可以仅仅使用 ModelSim 就可以完成。而时序仿真，是在选定了特定型号的 FPGA 之后，将网络信号传输延时、功耗等信息加入到仿真当中，使得仿真更贴近硬件的真实情况，一些在功能仿真中没有出现的问题很有可能在时序仿真时出现，例如信号中会意外地加入些许“毛刺”等。时序仿真必须在 QuartusⅡ中调用 ModelSim 才能进行。

1. 关联 ModelSim

若 QuartusⅡ没有和 ModelSim 关联，则无法调用 ModelSim，先点击“Tools”中的“Options”。如图 1-32 所示。

在“EDA Tool Options”中将 ModelSim 选中自己安装的目录，再点击“OK”即可完成 ModelSim 与 QuartusⅡ的关联。如图 1-33 所示。

2. 时序仿真

时序仿真之前应该先将激励 tb 文件写好，并放入工程所在的文件夹，以便 QuartusⅡ配置调用。然后选定某个型号的 FPGA，再点击“Settings”进入配置界面。如图 1-34 所示。

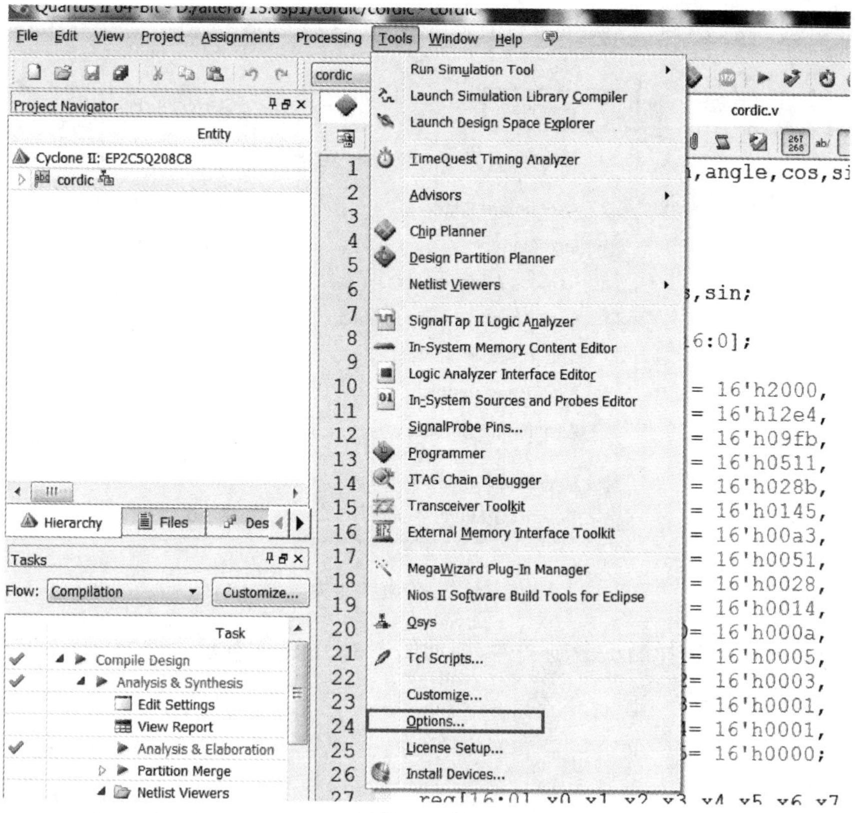

图 1-32　设置关联 ModelSim 软件

图 1-33　关联 ModelSim

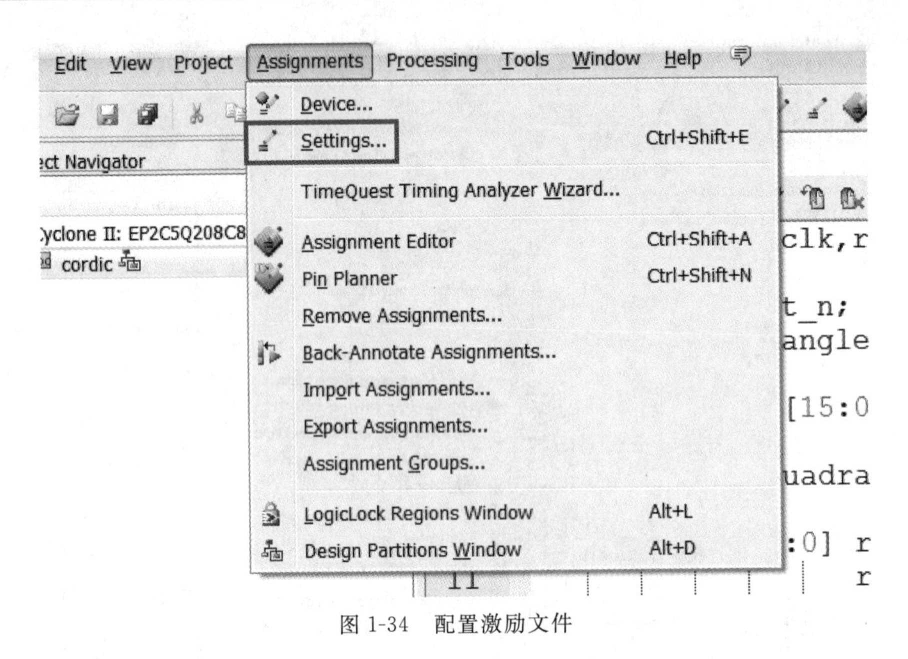

图 1-34　配置激励文件

在"Simulation"中选择测试激励文件,即如图 1-35 中黑框所示。选择"Test Benches…",出现如图 1-36 所示界面。

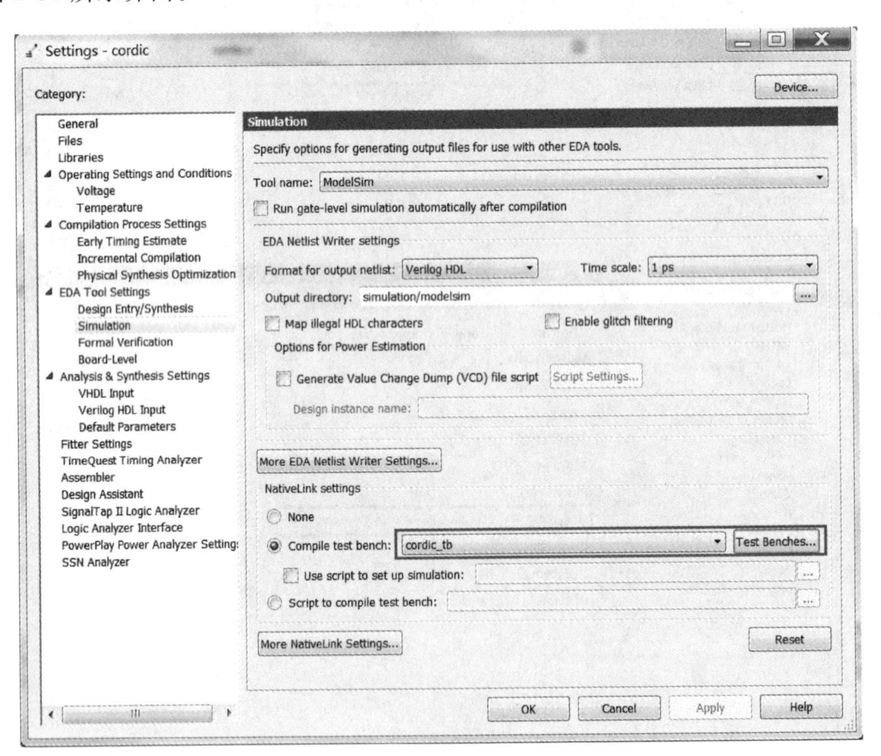

图 1-35　添加激励文件

在此界面可以选择并添加已经编写完成的 TestBench 文件。选择完毕后,在此界面点击"Add"。

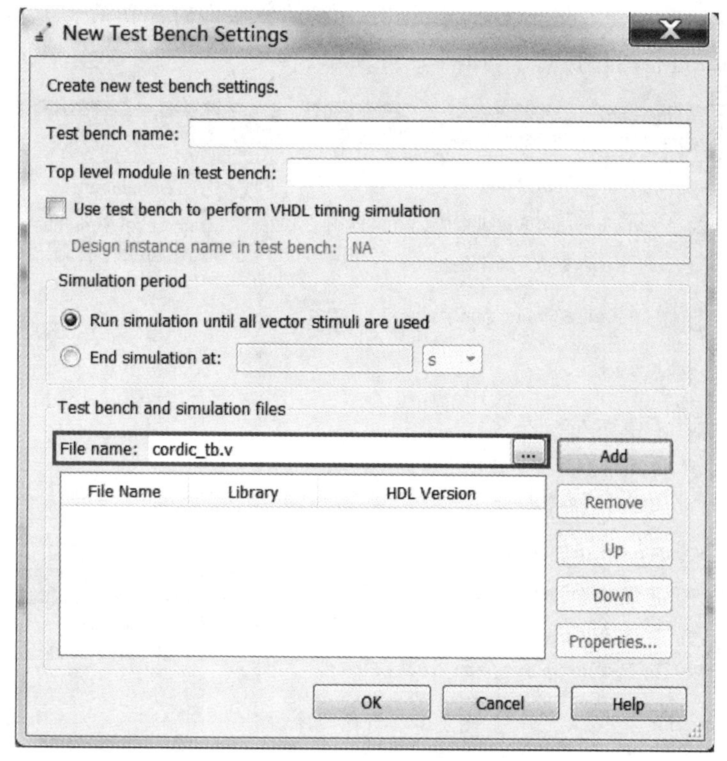

图 1-36　选择激励文件

添加完毕后，需要继续在此界面填写测试激励的名称，通常情况下与文件名相同，如图 1-37 所示。

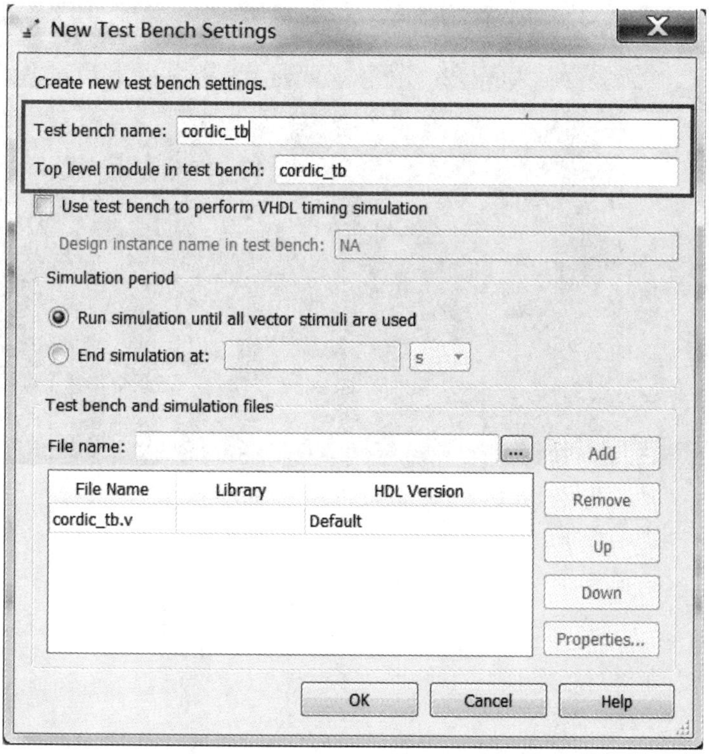

图 1-37　未测试激励命名

配置完成后，编译工程，点击“Gate Level Simulation”，即时序仿真，之后再点击“Run”就能调用 ModelSim 进行时序仿真了，如图 1-38 所示。

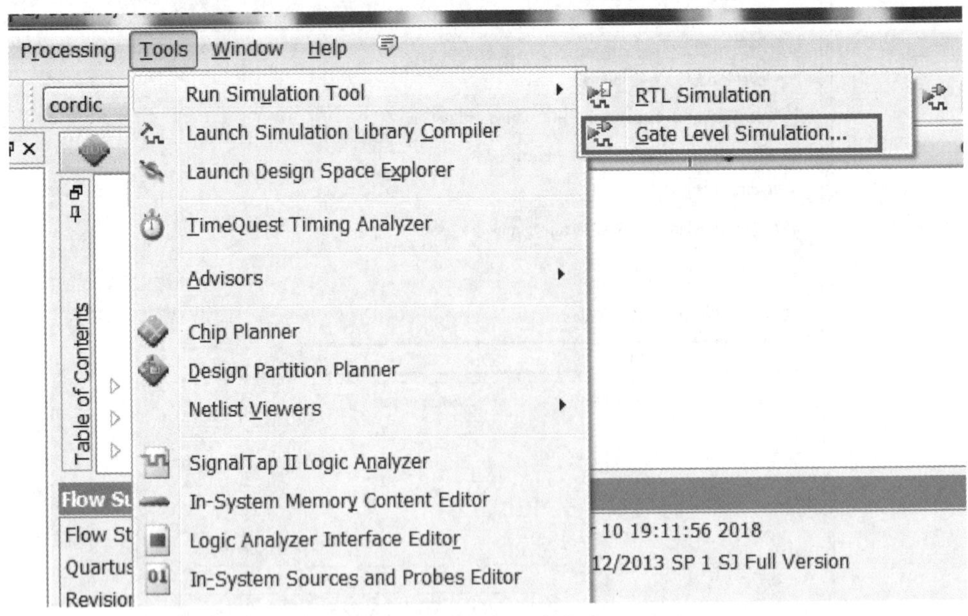

图 1-38　开始时序仿真

时序仿真完成后，可以查看仿真波形，如图 1-39 所示，在时序仿真中，正弦波产生电路产生的正弦波信号有着些许毛刺，这就是因为将硬件的更多信息加入仿真带来的更为“真实”的结果。

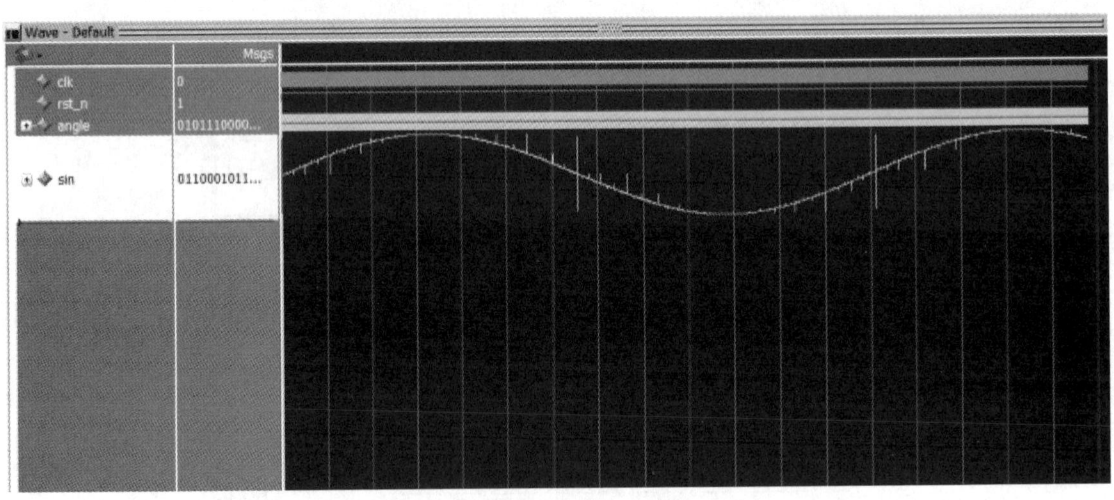

图 1-39　正弦波发生器时序仿真波形

第四节 ModelSim 使用方法

一、软件介绍

Mentor 公司的 ModelSim 是业界最优秀的 HDL 语言仿真软件，它能提供友好的仿真环境，是业界唯一的单内核支持 VHDL 和 Verilog 混合仿真的仿真器。它采用直接优化的编译技术、Tcl / Tk 技术和单一内核仿真技术，编译仿真速度快，编译的代码与平台无关，便于保护 IP 核，个性化的图形界面和用户接口，为用户加快调错提供强有力的手段，是 FPGA / ASIC 设计的首选仿真软件。ModelSim 有几种不同的版本：SE、PE、LE 和 OEM，其中 SE 是最高级的版本，而集成在 Actel、Atmel、Altera、Xilinx 以及 Lattice 等 FPGA 厂商设计工具中的均是其 OEM 版本。ModelSim SE 支持 Windows、UNIX 和 LINUX 混合平台；提供全面完善以及高性能的验证功能；全面支持业界广泛的标准。我们在实验中所使用的版本是 Windows 平台的 ModelSim SE 10.1c，选择的硬件编程语言为 Verilog。

二、ModelSim 基本使用方法

ModelSim 安装完成之后打开软件，启动画面如图 1-40 所示。

图 1-40 ModelSim 启动画面

打开软件后若发现出现图 1-41 的弹窗，直接点击“Close”关闭即可。

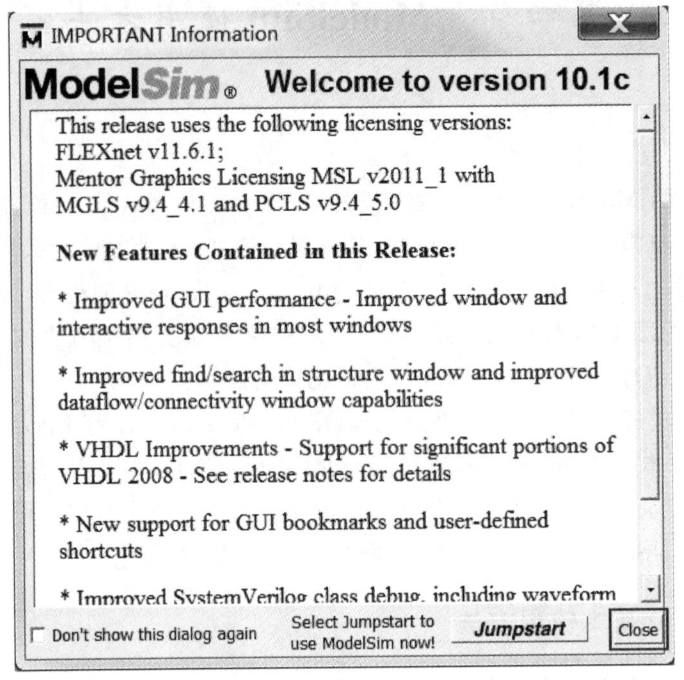

图 1-41　ModelSim 介绍界面

点击左上角的“File”→“New”→“Project”新建一个工程（ModelSim 工程的后缀名为.mpf），如图 1-42 所示。

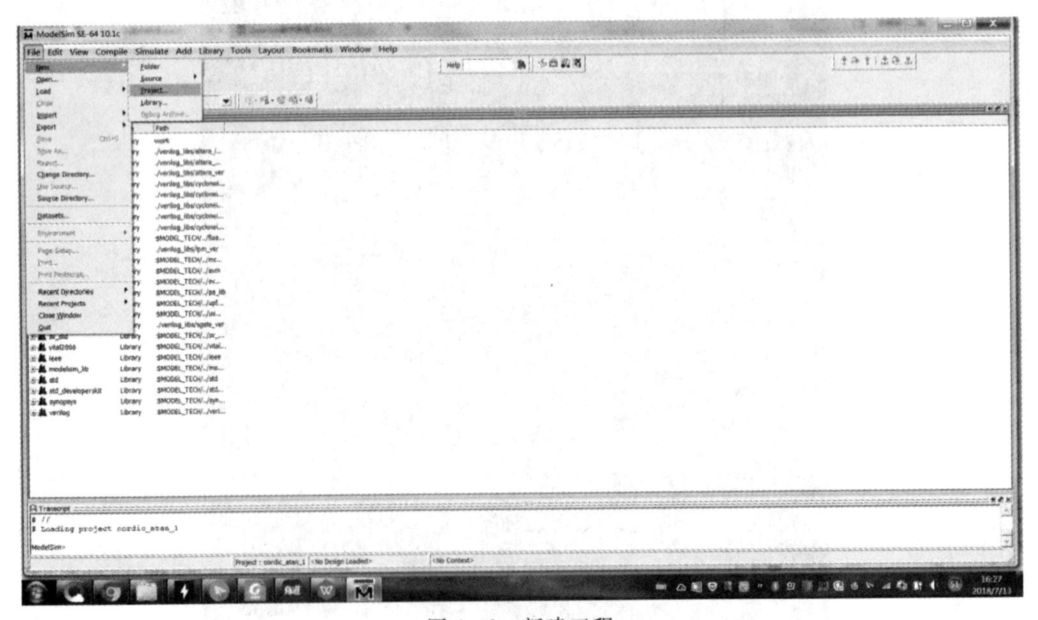

图 1-42　新建工程

工程名和工程路径如图 1-43 所示，一般来说工程名和顶层设计的模块名相同，但工程名和工程路径都不能包含中文。

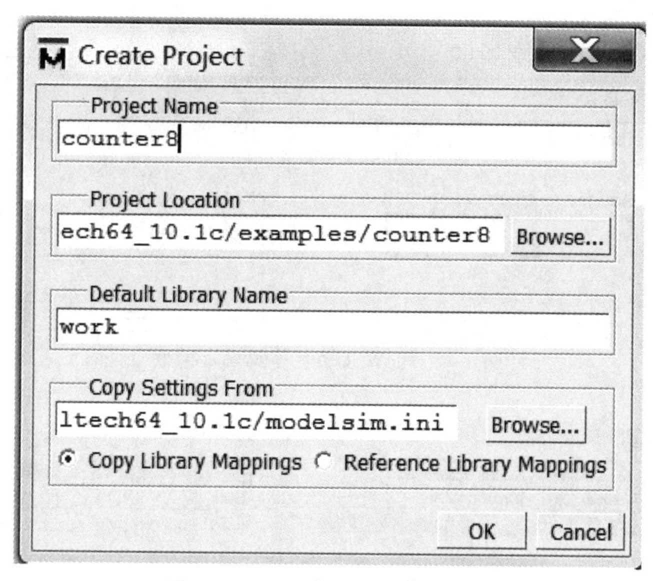

图 1-43　工程路径和工程名设置

设置完成后，在弹出的页面中点击“Create New File”创建新的文档，用来编写 HDL 程序，如图 1-44 所示。

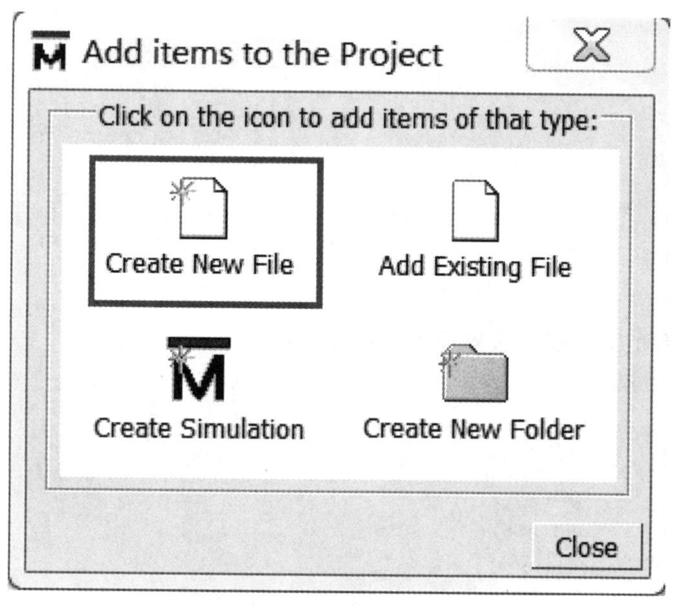

图 1-44　创建程序文档

之后需要设置所创建的文件名，文件默认和工程位于同一个路径下，在本书中我们使用 Verilog HDL 语言，所以在“Add file as type”中下拉选中“Verilog”，而不是默认的“VHDL”，如图 1-45 所示。

当文件名和语言类型都设置好了之后，点击“OK”，在 ModelSim 初始界面的右边出现了空白页，可以在里面编写程序，界面的左侧为刚刚创建的文件信息，如图 1-46 所示。

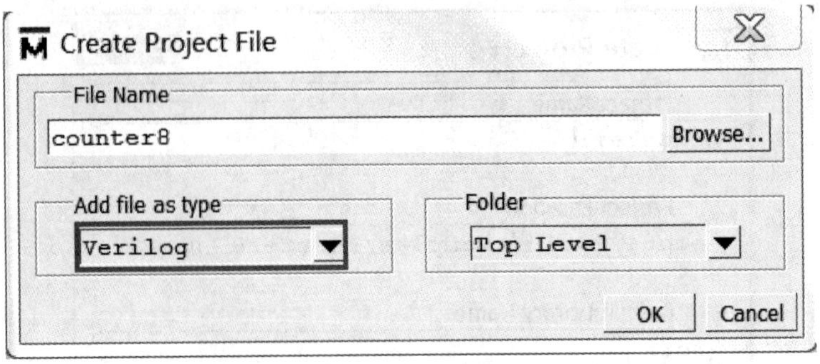

图 1-45　设置文档名称及语言类型

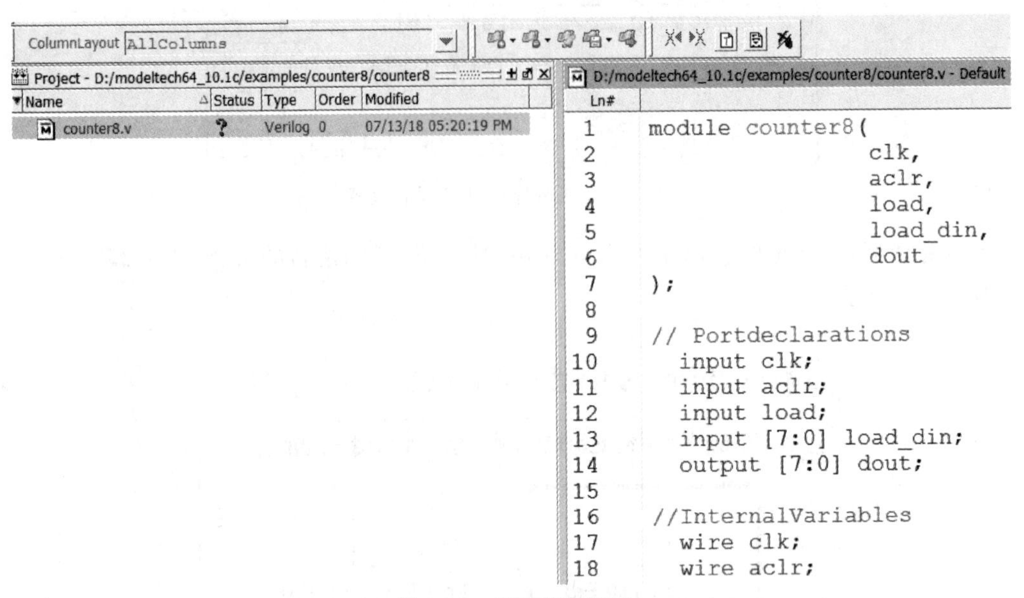

图 1-46　编写程序界面

图 1-46 中编写的 8 进制计数器程序代码如下：

```
module counter8(
               clk,
               aclr,
               load,
               load_din,
               dout );

// Portdeclarations
  input clk;
  input aclr;
  input load;
  input [7:0] load_din;
  output [7:0] dout;
//InternalVariables
  wire clk;
```

```
    wire aclr;
    wire load;
    wire [7:0] load_din ;
    wire [7:0] dout;
    reg [7:0] counter = 0;
  //CodeStarts Here
    always @ (posedge clk or negedge aclr)
    begin
          if(! aclr)
                  counter<= 0;
          else if(load == 1)
                  counter<= load_din;
          else
                  counter<= counter + 1;
    end

    assign dout = counter;

  endmodule
```

编写完成后，鼠标放在左侧相应的文件上，点击右键"Complie"→"Complie Selected"编译所选择的文件，如图 1-47 所示。

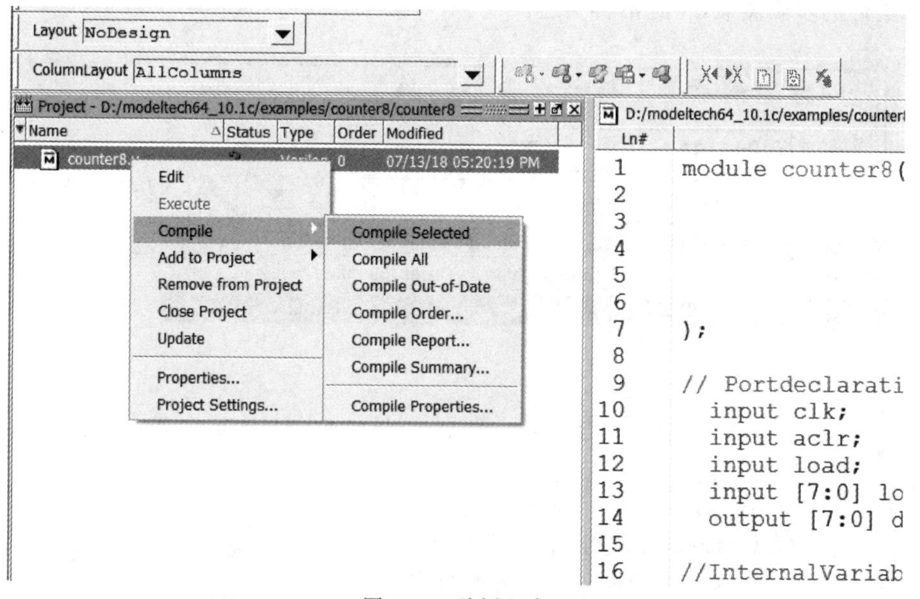

图 1-47　编译程序

当程序编译成功时，将会出现图 1-48(a)中的"√"；当编译出错时，将会出现图 1-48(b)中的"×"，大部分编译失败的原因都是程序存在语法错误。

(a) 编译成功　　　　(b) 编译失败

图 1-48　编译结果

当编译失败时，可以点击下方“transcript”中的红色错误信息，在弹出的界面中再次点击“Error”警告，该语法错误所在的那行程序随后将被高亮显示，便于用户改错，如图 1-49 所示。

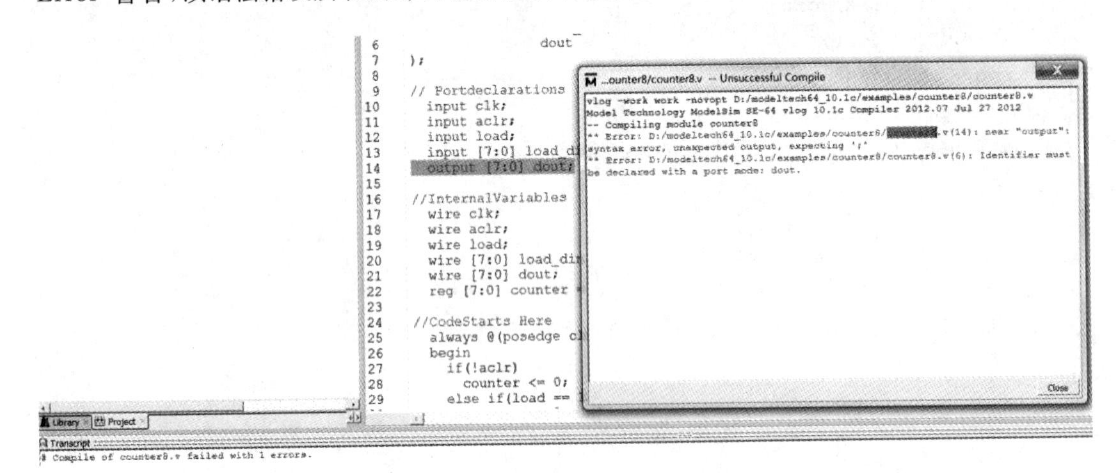

图 1-49　检查语法错误

当语法错误改正后，再次编译就能发现文件的状态为“√”了，此时在左侧框内右键选择“Add to Project”→“New File”添加测试激励文件(测试激励的文件名一般为“xxxx_tb”)，如图 1-50 所示，并同样对其进行编译，如图 1-51 所示。添加和编写测试激励的步骤同添加普通 Verilog 文件的步骤类似，在此不再赘述。

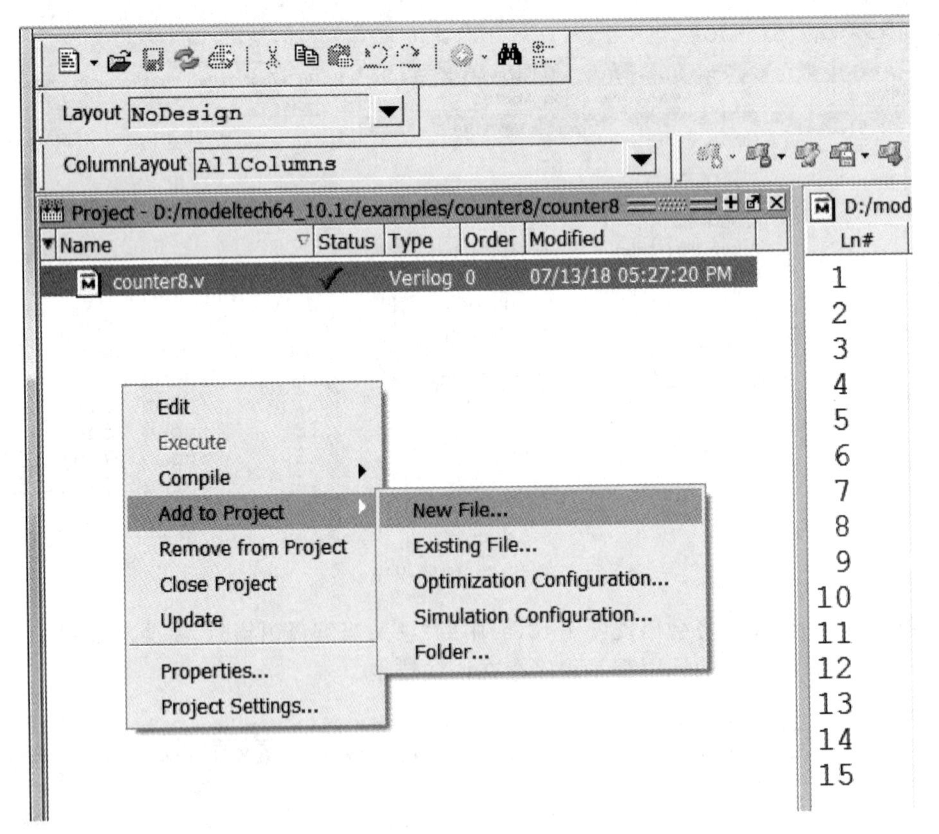

图 1-50　添加测试激励文件

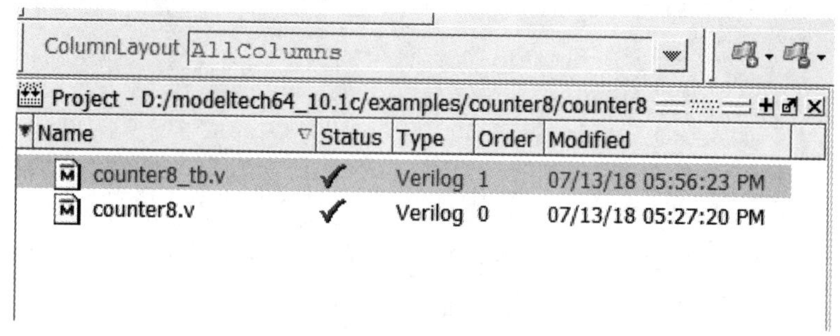

图 1-51　编译测试激励文件

8 进制计数器的测试激励代码如下：

```
1 timescale 1ns / 1ns //
module counter8_tb;
        reg clk;
        reg aclr;
        reg load;
        reg [7:0] load_din;
        wire [7:0] dout;

initial
begin
        clk = 0;
        aclr = 1;
      load = 0;
      load_din = 0;

        # 120 aclr = 0;
      # 40 aclr = 1;
      # 20 load = 1;

      load_din = 100;

        # 20 load = 0;
      # 100 $ stop; // 可以不添加这个仿真结束的系统任务
  end

always
        # 10 clk = ~ clk;

counter8 U(
```

```
                .clk(clk),
                .aclr(aclr),
                .load(load),
                .load_din(load_din),
                .dout(dout) );
endmodule
```

工程中的程序全部编译通过后，点击左侧框下方的“Library”→“work”→“counter8_tb”，右键选择“Simulate”进入仿真界面，其操作如图 1-52 所示。

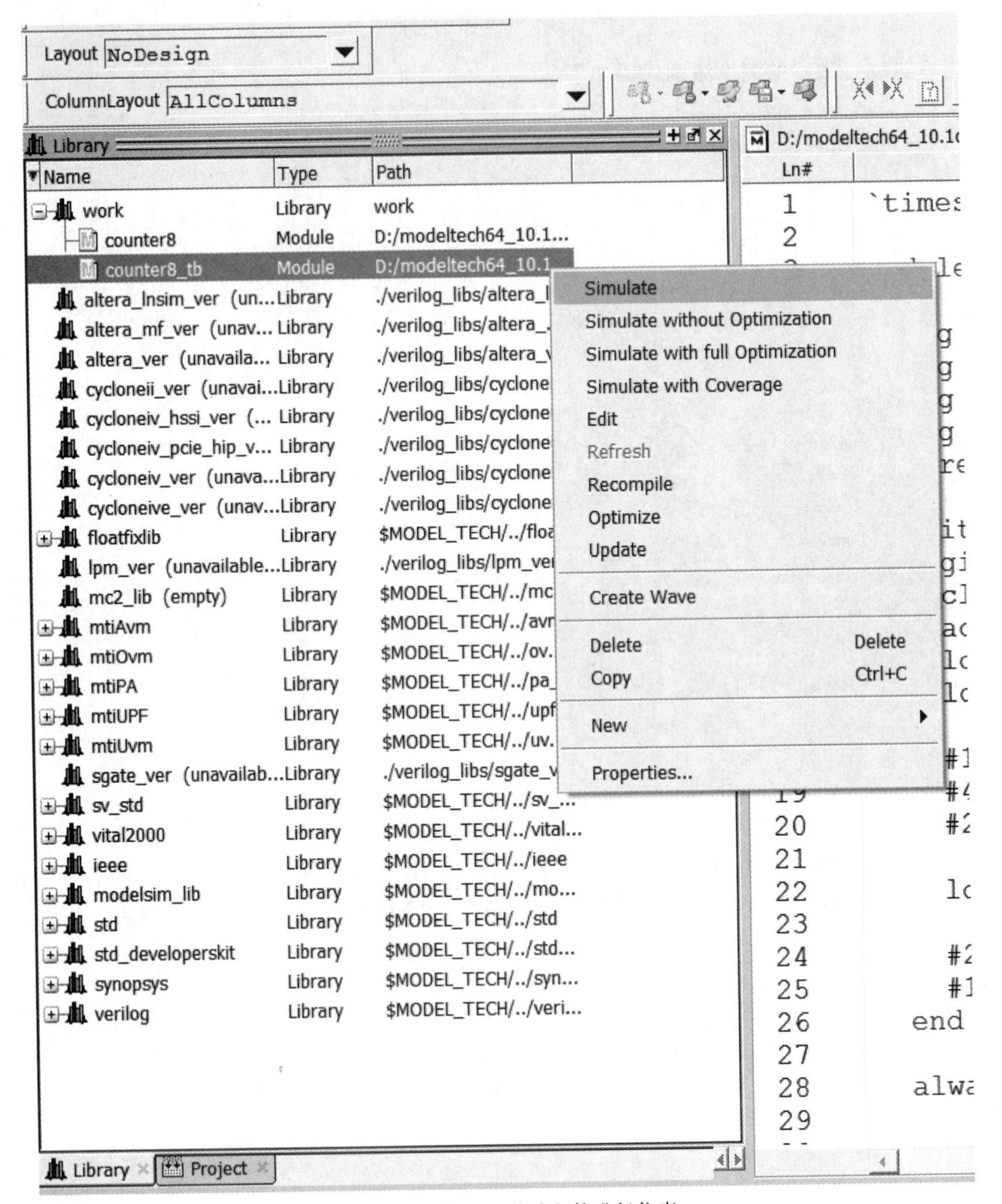

图 1-52　选择测试激励文件进行仿真

在仿真页面中，我们可以选中想要查看波形的信号，右键点击“Add Wave”添加到右侧的视图中，图 1-53 以“clk”时钟信号为例进行了添加操作。

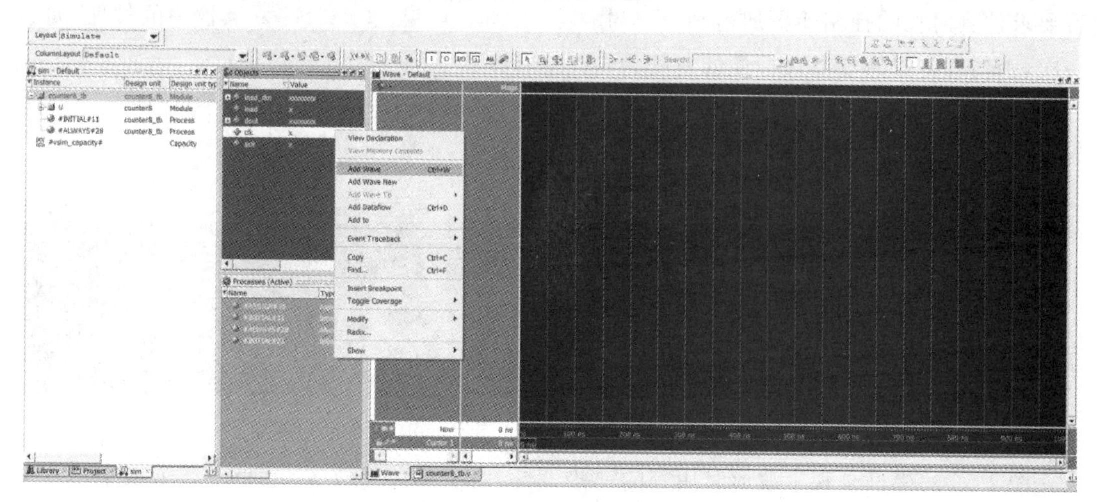

图 1-53　添加信号到观察窗

点击图 1-54 左下角黑框中的可以将信号的路径省略，这样看起来更简洁。上方黑框的 100 ns 为进行仿真的时间按钮，通过这些按钮能够进行不同时长的仿真测试。

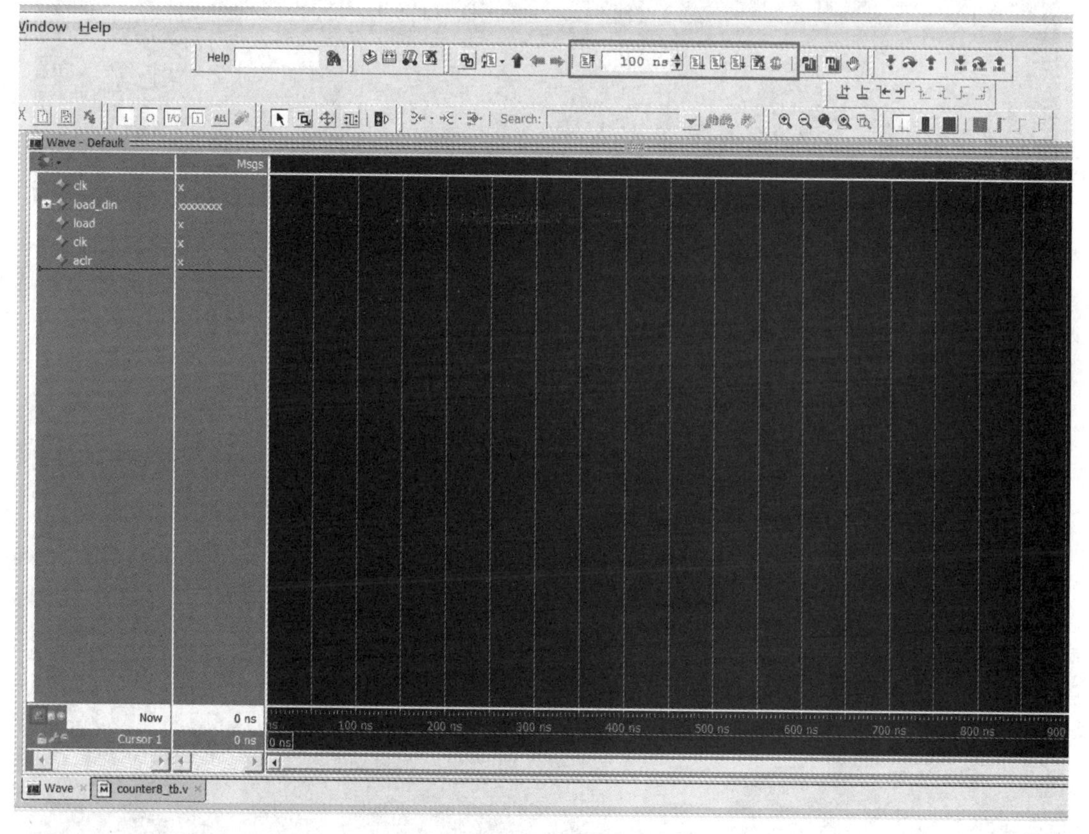

图 1-54　准备开始仿真

我们可以点击图 1-55 黑框中的按钮，该按钮的功能是一次性完成仿真的全部过程。若测试激励中没有“ $stop”命令，则不建议使用该按钮仿真，因为可能会让仿真无限进行下去。若要求仿真时长的控制能更加精确，可以用 100 ns 黑框中的按钮，每按一次，则仿真将以黑框左边标注的时间为步长运行一次。

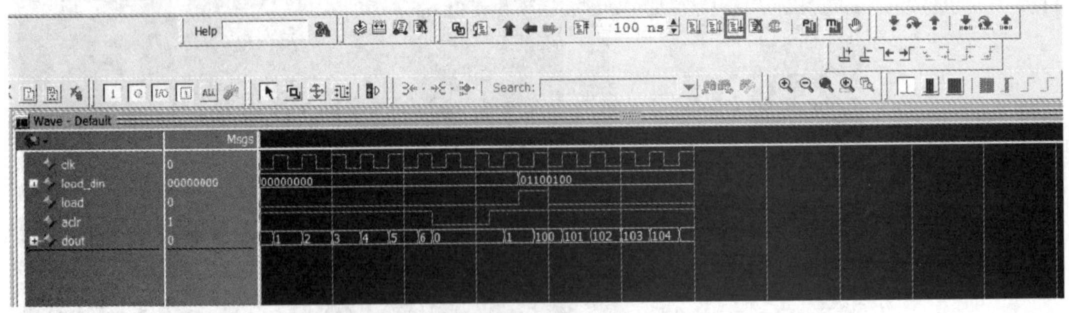

图 1-55　仿真运行

图 1-56 的黑框是观察波形时用到的一些工具，便于将波形放大、缩小。点击框中第三个按钮 可以将波形铺满观察窗，以便观察到波形的全貌。

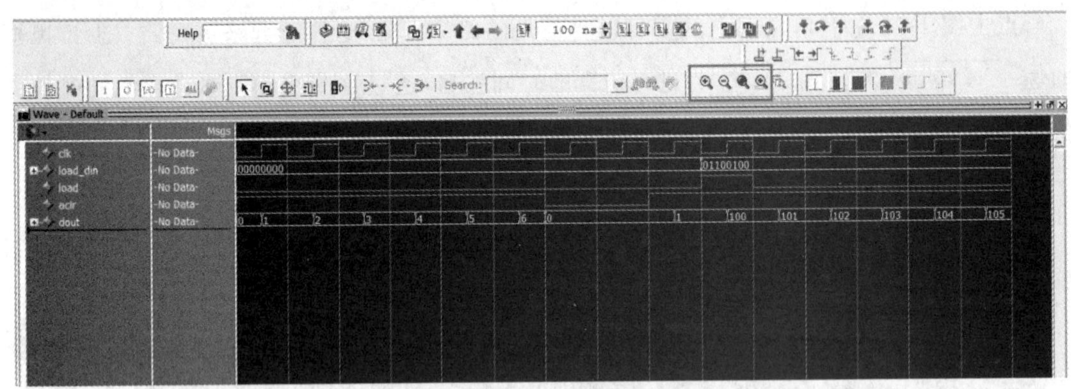

图 1-56　仿真波形长度调整

为了方便观察数据流，可以像图 1-57 一样右键选中重点观测的信号，然后将其数据的显示格式调整为合适的形式，图 1-57 和图 1-56 的“load_din”信号充分说明了该调整的重要性。

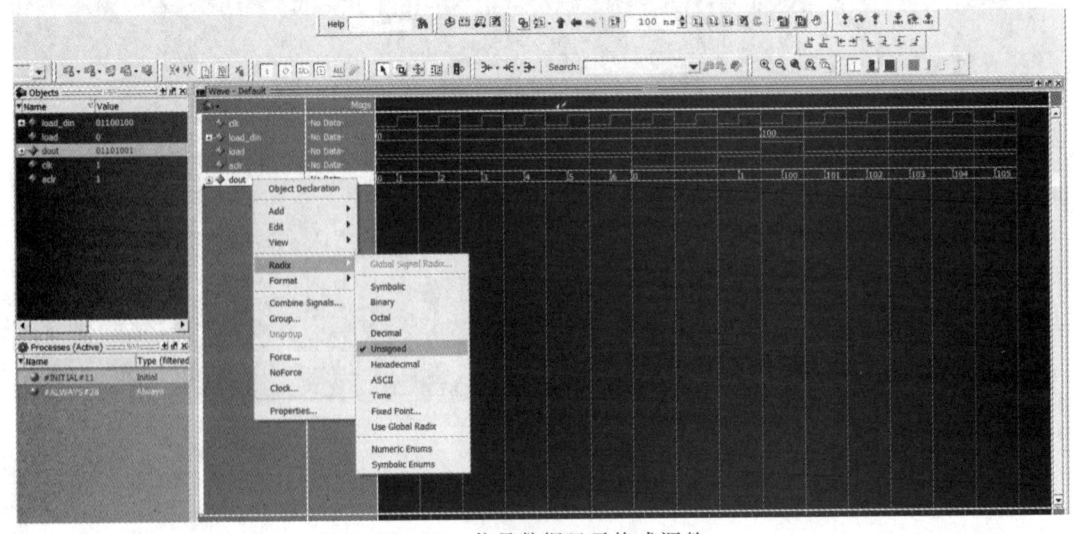

图 1-57　信号数据显示格式调整

最后，不仅仅是数据流的格式，直观的波形变化对于调试来说也十分重要。在ModelSim中，可以选中想要调整波形的信号，右键“Format”选择合适的形式，也可以像图1-58一样直接选择“Analog(automatic)”自动生成模拟的波形，这在DDS(直接数字频率合成器)等设计中几乎是不可缺少的步骤。

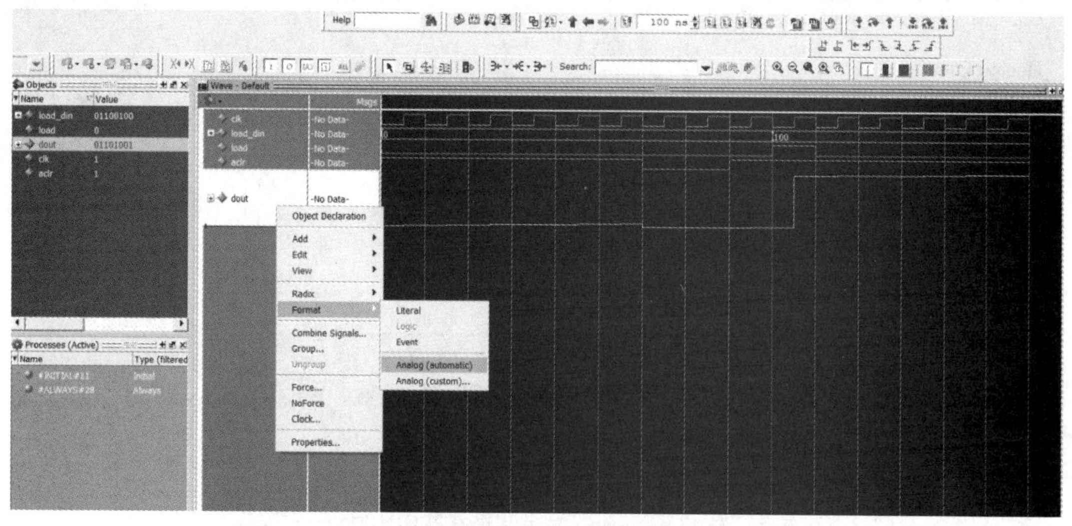

图1-58　波形变化形式调整

第五节　Debussy使用方法

一、Debussy介绍

Debussy是NOVAS Software, Inc(思源科技)发展的HDL Debug & Analysis tool，这套软体主要不是用来跑模拟或看波形，它最强大的功能是能够在HDL source code、schematic diagram、waveform、state bubble diagram之间，即时做trace，协助工程师debug。(注：本书使用的Debussy版本为54v9。)

Debussy本身不含模拟器(simulator)，必须呼叫外部模拟器(如Verilog-XL或ModelSim)产生FSDB file，其显示波形的单元“nWave”透过读取FSDB file，才能显示波形或信号值的变化。

二、启动与导入

启动Debussy后，需要导入已编译成功的v文件以及相应的testbench，选择“File\Import Design”，则出现如图1-59所示界面。

三、nTrace介绍

在Hierarchy browser点击 ⊞ counter_tb “+”可以展开这个testbench所引用的所

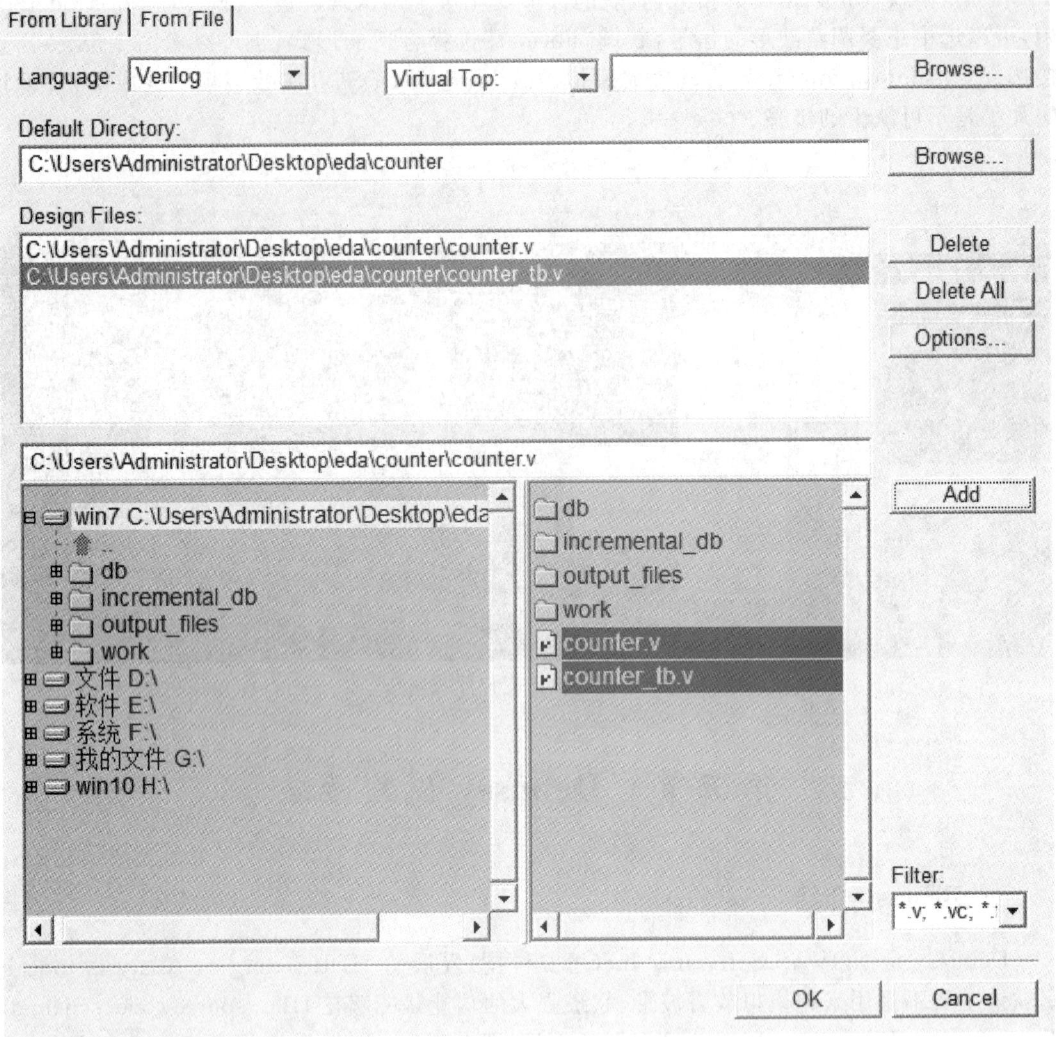

From Library | From File
Language: Verilog　Virtual Top:　Browse...
Default Directory:
C:\Users\Administrator\Desktop\eda\counter　Browse...
Design Files:
C:\Users\Administrator\Desktop\eda\counter\counter.v
C:\Users\Administrator\Desktop\eda\counter\counter_tb.v
Delete
Delete All
Options...
C:\Users\Administrator\Desktop\eda\counter\counter.v
win7 C:\Users\Administrator\Desktop\eda
..
db
incremental_db
output_files
work
文件 D:\
软件 E:\
系统 F:\
我的文件 G:\
win10 H:\
db
incremental_db
output_files
work
counter.v
counter_tb.v
Add
Filter:
*.v; *.vc; *.
OK　Cancel

图 1-59　导入设计

有模块 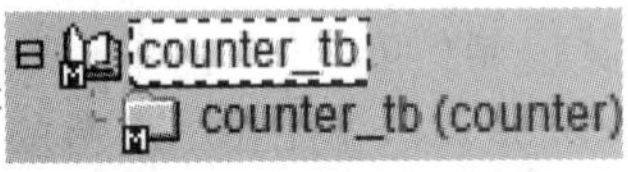 counter_tb counter_tb (counter) 。点击左侧的模块名称，右边的 source code window 就会立即切换到相应的 module，如图 1-60 所示。

点击代码内的模块名称也会转到左侧的模块列表中，如图 1-61 所示。

设计者可以利用此方法轻易地追踪出 project 中所有 design 之间彼此的联系。

除了追踪 design 之间的关联性，也可以用同样的方法追踪出信号的 drivers 与 loads。

点选代码中的任意信号，使用工具栏  D L 中“D”与“L”可以查看此信号的 drivers与 loads，右侧的箭头用于选择上一个与下一个，如图 1-62 所示。

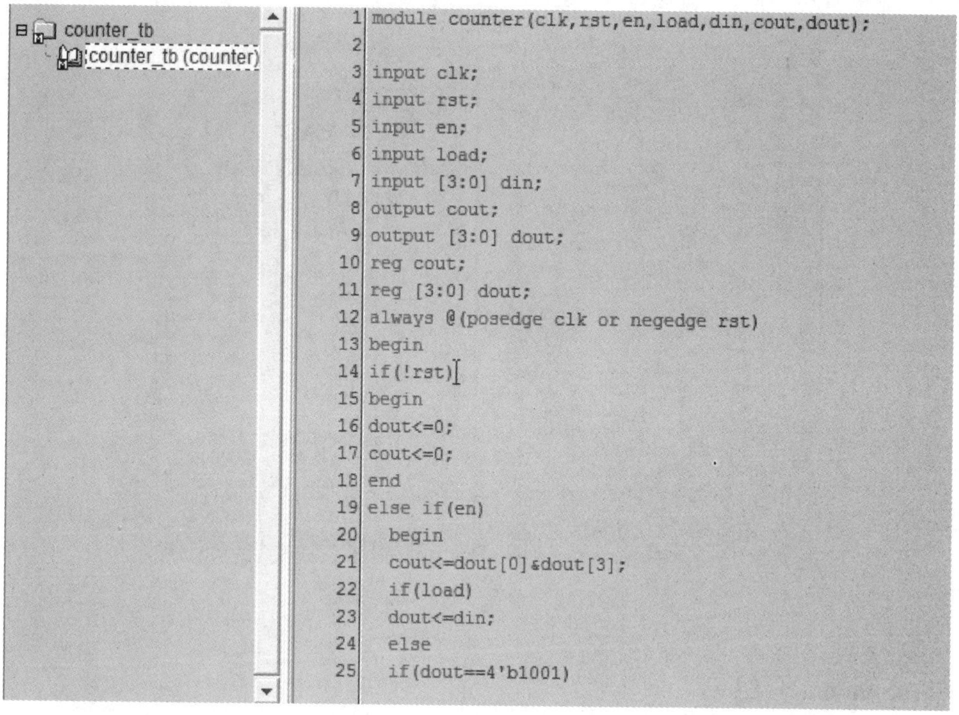

counter_tb
counter_tb (counter)

```
1  module counter(clk,rst,en,load,din,cout,dout);
2
3  input clk;
4  input rst;
5  input en;
6  input load;
7  input [3:0] din;
8  output cout;
9  output [3:0] dout;
10 reg cout;
11 reg [3:0] dout;
12 always @(posedge clk or negedge rst)
13 begin
14 if(!rst)
15 begin
16 dout<=0;
17 cout<=0;
18 end
19 else if(en)
20   begin
21   cout<=dout[0]&dout[3];
22   if(load)
23   dout<=din;
24   else
25   if(dout==4'b1001)
```

图 1-60　模块对应的代码

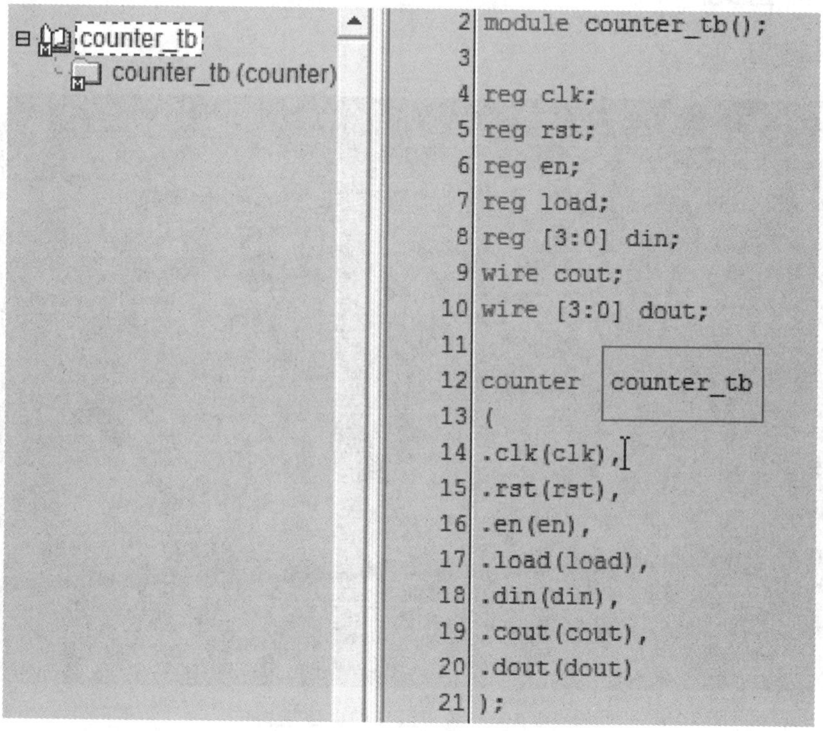

counter_tb
counter_tb (counter)

```
2  module counter_tb();
3
4  reg clk;
5  reg rst;
6  reg en;
7  reg load;
8  reg [3:0] din;
9  wire cout;
10 wire [3:0] dout;
11
12 counter counter_tb
13 (
14 .clk(clk),
15 .rst(rst),
16 .en(en),
17 .load(load),
18 .din(din),
19 .cout(cout),
20 .dout(dout)
21 );
```

图 1-61　代码中点击跳到相应模块

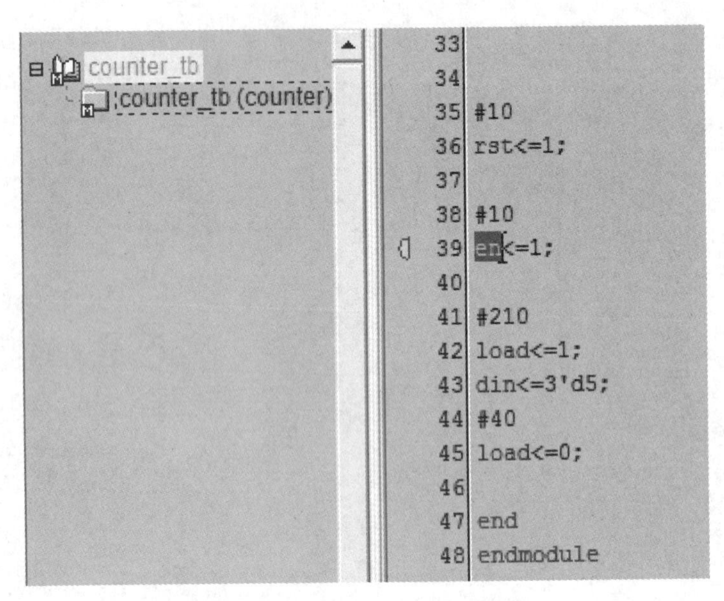

图 1-62　查看 drivers 和 loads

四、nSchema 介绍

点击工具栏中的 New Schematic 即可进入 nSchema 查看设计文件的电路结构，如图 1-63 所示。

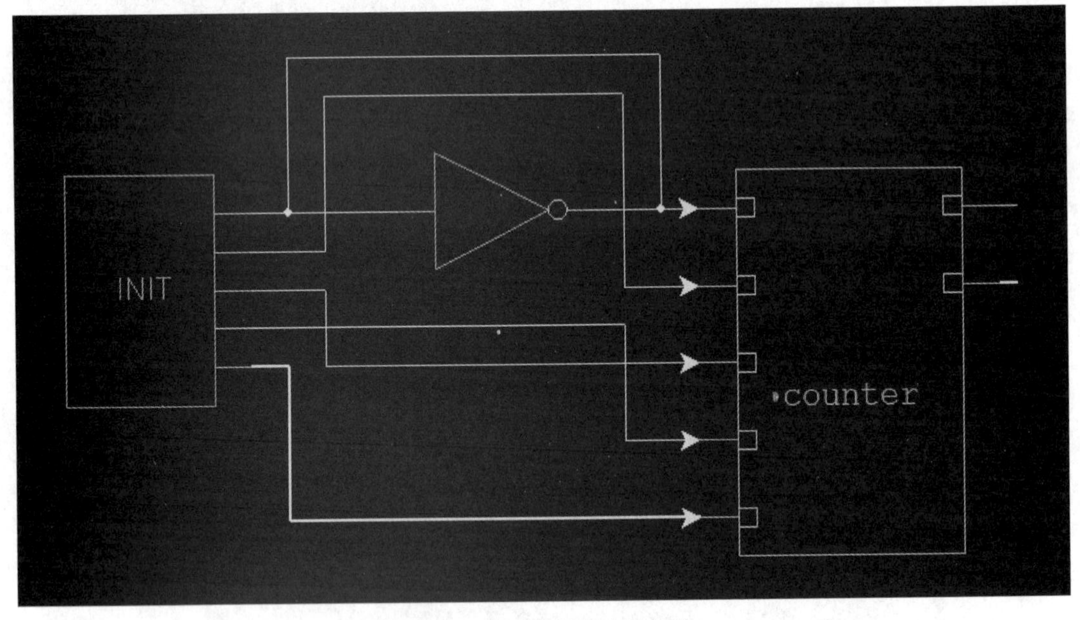

图 1-63　查看设计的电路结构

上面的工具栏中，有常用的放大、缩小，这两个图标的功能是选择 design 中的上一层与下一层，查看 counter 的下一层，如图 1-64 所示。

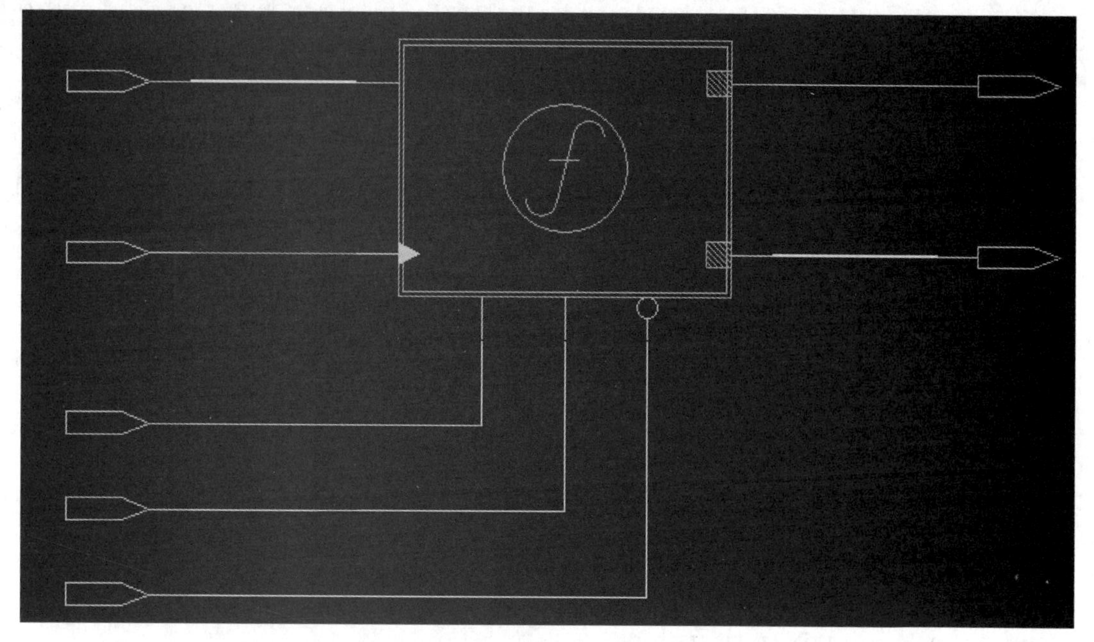

图 1-64　查看设计的下一层

当到达最底层时，可以通过双击某一图形单元查看其代码，如图 1-65 所示。

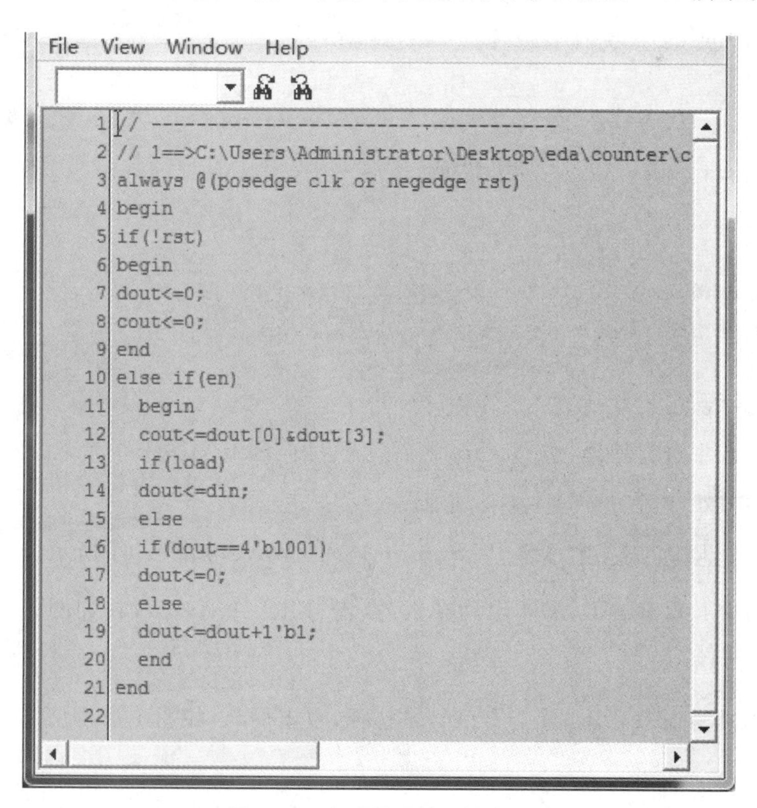

图 1-65　查看图形单元的代码

五、nWave 介绍

1. fsdb 文件生成

Debussy 中，nWave 只能导入 fsdb 文件来观察波形，fsdb 文件通常是由 ModelSim 软件生成的，但要让 ModelSim 能生成 fsdb 文件，必须要有如下步骤。

第一步：挂 PLI

找到 Debussy 安装目录下\share\pli\modelsim_pli\winnt\下的 novas. dll 文件，复制到 ModelSim 安装目录下\win32 中，找到 modelsim. ini(通常在我的文档中或 modelsim 安装目录下)，去“只读”勾选进行编辑，找到[vsim]，添加 Veriuser ＝novas. dll，如图 1-66 所示。

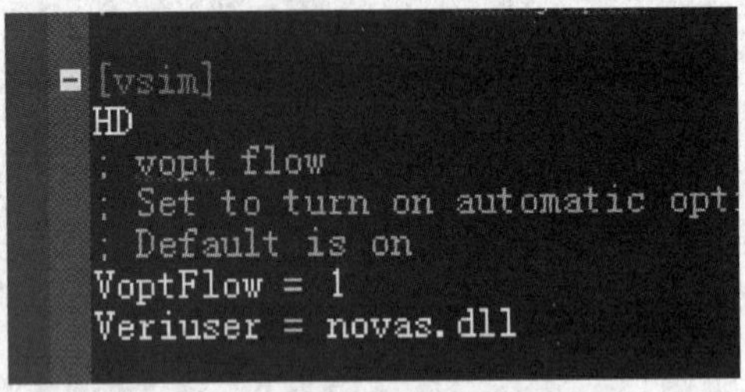

```
[vsim]
HD
; vopt flow
; Set to turn on automatic opt
; Default is on
VoptFlow = 1
Veriuser = novas.dll
```

图 1-66　修改 modelsim. ini 文件

第二步：修改环境变量

变量名：D_LIBRARY_PATH。

变量值：Debussy 安装目录下的 novas. dll，如 D:\Debussy\share\pli\modelsim_pli\winnt\novas. dll。

变量名：PLIOBJS。

变量值：同上。

(注：上述步骤只需配置一次。)

第三步：在 testbench 中加入如下代码

```
initial
begin
        $ fsdbDumpfile("filename_you_want.fsdb");
        $ fsdbDumpvars;
end
```

第四步：编译产生 fsdb 文件

在 modelsim 中进行编译，仿真，run，之后就产生了 fsdb 文件。

2. nWave 使用

点击工具栏 　中 New Waveform 进入 nWave，如图 1-67 所示。

此时，窗口中并没有波形，需要手动导入，点击“File\open….”，在如图 1-68 所示界面选择生成的 fsdb 文件。

接着，按工具栏中 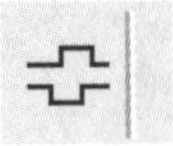　，就会有信号供选择，双击加入，如图 1-69 所示。

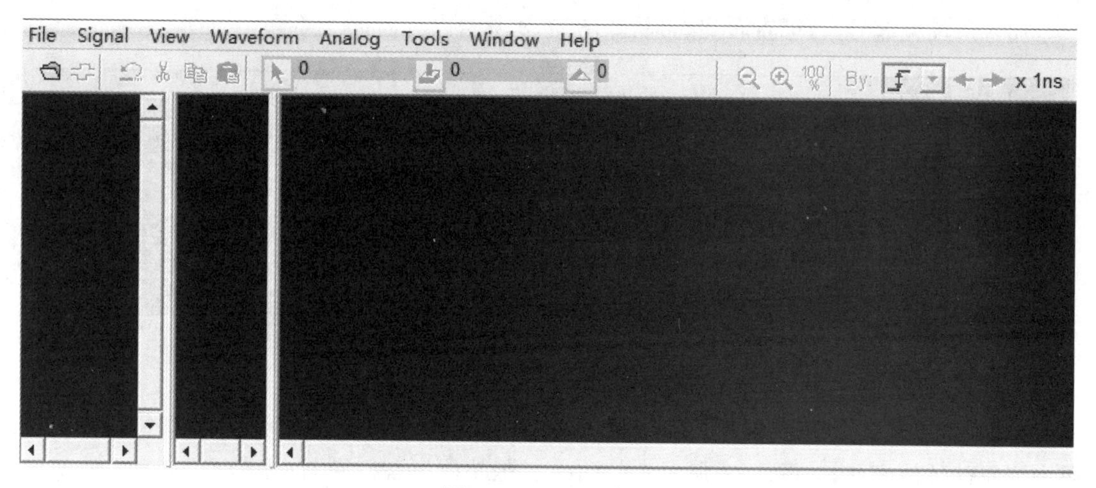

图 1-67　nWave 窗口

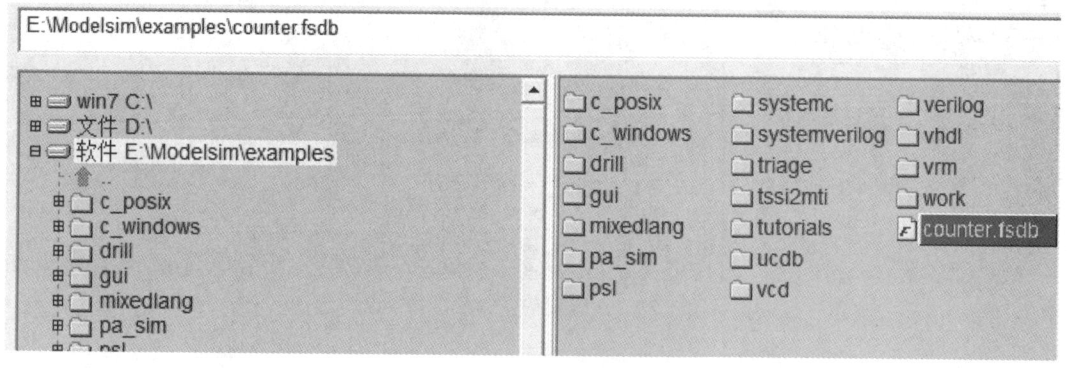

图 1-68　打开 fsdb 文件

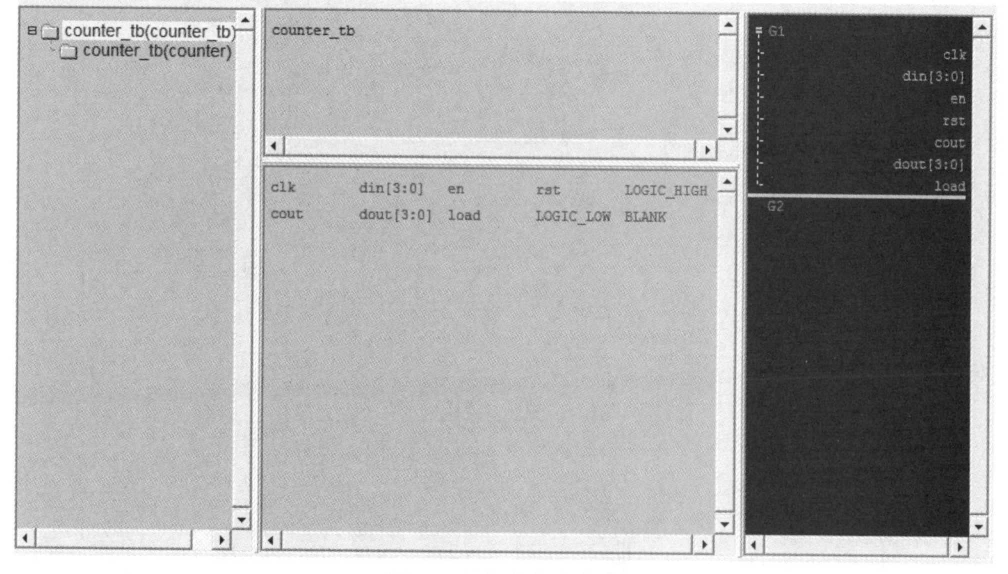

图 1-69　加入仿真信号

加入后放大信号，即可查看到结果，如图 1-70 所示。

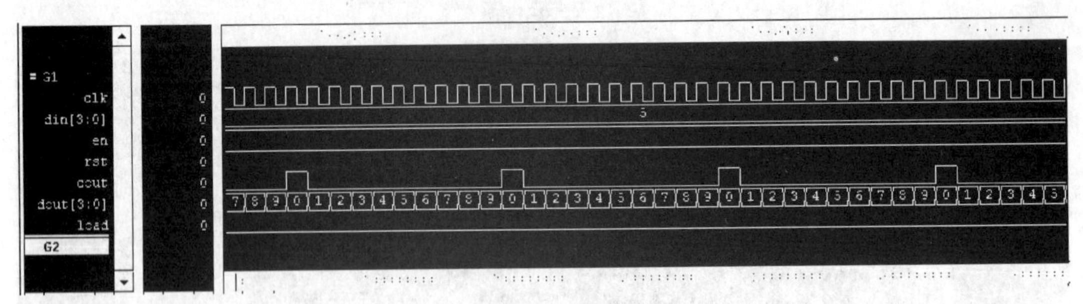

图 1-70　信号波形图

此时，可以回到 Debussy 主页面，选择 Source\Active Annotation 功能，观察每一时刻，代码中变量的数值变化，如图 1-71 所示。nWave 其他功能可自行探索。

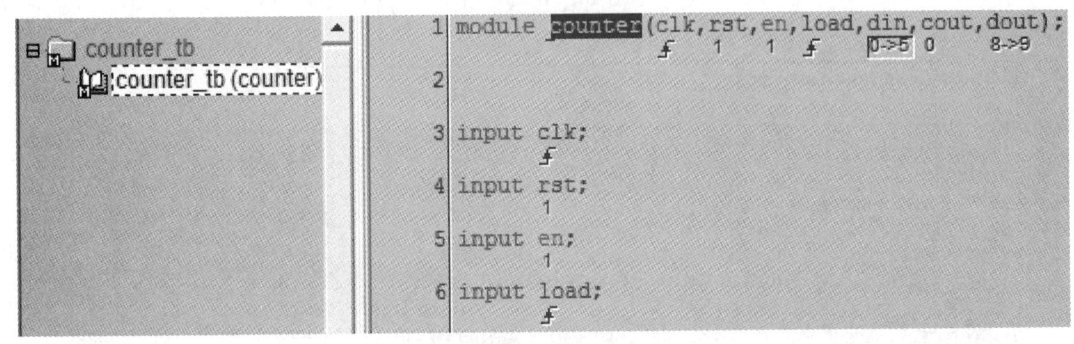

图 1-71　观察代码中信号数值变化

第二章　数字系统设计实践

第一节　“0110”序列检测器的设计

一、预习内容

(1)结合教材中的介绍熟悉 QuartusⅡ、ModelSim 软件的使用。

(2)数字电路二进制编码和状态图。

(3)三段式状态机设计的基本格式和要求。

二、实验目的

(1)掌握 Verilog HDL 设计方法。

(2)掌握数字电路中状态图与 Verilog 程序代码的转换。

(3)掌握三段式状态机设计思想。

三、实验器材

PC 机一台、配套 EDA 开发工具 QuartusⅡ、ModelSim 。

四、实验要求

(1)用 Verilog HDL 设计一个简单三段式状态机。

(2)状态机能够完成对 0110 序列的检测。

(3)能够独立编写代码和测试激励。

(4)能够正确地使用 ModelSim 软件进行代码的功能仿真。

(5)有余力的同学能够利用开发板演示实验现象。

(6)提交实验报告,要求有全部代码及实验现象的基本描述。

五、实验原理与内容

1. 状态机基本原理

就理论而言,任何时序模型都可归结为一个状态机。如只含一个 D 触发器的二分频电路或一个普通的 4 位二进制计数器都可算作一个状态机;前者是两状态型状态机,后者是 16 状态型状态机,都属于一般状态机的特殊形式。但这些并非出自明确的自觉意义上的状态机设计方案而导致的时序模块,未必能成为一高效、稳定、修改便捷和功能目标明确的真正意义上的状态机。对于不断涌现的优秀的 EDA 设计工具,状态机的设计和优化的自动化已经到了相当高的程度。用 Verilog 可以设计不同表达方式和不同实用功能的状态机,而且多数状态机都有固定的语句和程序表达方式。只要把握了这些固定的语句表达部分,就能根据实际需要写出各种不同风格和面向不同实用目的的 Verilog 状态机。

三段式状态机的一般结构如下:

(1)状态机说明部分:包含状态转换变量的定义和所有可能状态的说明。

(2)主控的时序部分:状态机运转和在时钟驱动下的负责状态转换的过程。

(3)主控的组合过程:状态机的状态转换过程,对应状态转换图。

2. 序列检测基本原理

二进制序列信号检测器用来检测一串输入的二进制代码,当二进制代码与事先设定的二进制代码一致时,检测电路输出高电平,否则输出低电平。序列检测器广泛用于日常生产、生活及军事等场合。例如,安全防盗、密码认证等加密场合,以及在海量数据中对敏感信息的自动侦听,等等。

序列检测器可用于检测一组或多组由二进制组成的脉冲序列信号,当序列检测器连续收到一组串行二进制码后,如果这组码与检测器中预先设置的码相同,则输出 1,否则输出 0。由于这种检测的关键在于正确码收到必须是连续的,这就要求检测器必须记住前一次的正确码及正确序列。直到在连续的检测中所收到的每一位码都与预置数的对应码相同。在检测过程中,任何一位不相等都将回到初始状态重新开始检测。

序列检测最主要的就是序列检测状态图,图 2-1 为"0110"序列检测的状态图。

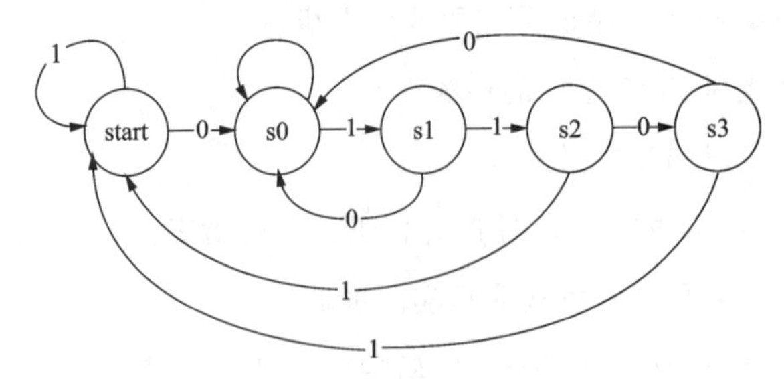

图 2-1　0110 序列检测状态图

3. 实验内容

利用 Verilog HDL 实现“0110”序列检测器，要求在输入序列中检测到“0110”序列时输出高电平进行指示。如“0110110”序列出现时，可视其为只包含一个“0110”序列，也可视其为包含两个“0110”序列。

自己写 testbench 构建序列，为较为全面地验证设计，建议在 testbench 文件中采用读文件方式读入连续序列在 ModelSim 中进行功能仿真，查看程序是否能够检测出“0110”序列。

扩展要求：有余力的同学可以上开发板验证。提示：要具有按键消抖模块与脉冲产生模块。

六、实验步骤

(1)在文本编辑器中新建两个 Verilog HDL 文件，分别为设计源文件和激励文件，如图 2-2所示。

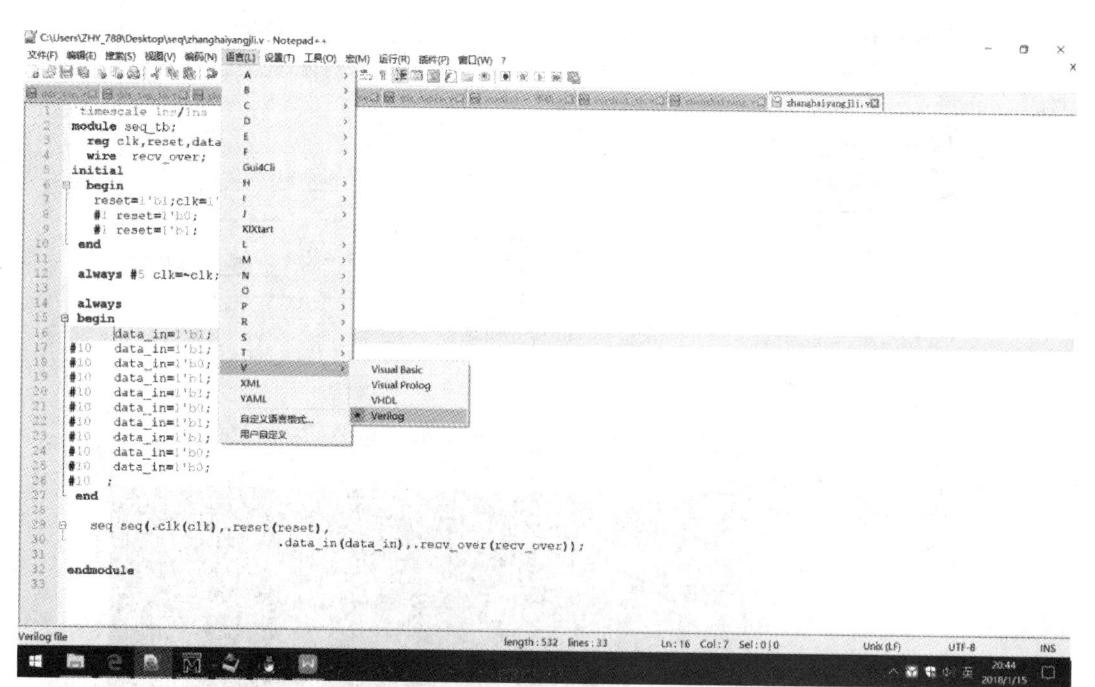

图 2-2　新建源文件与激励文件

(2)在文件中编辑自己的程序文件和激励文件。

(3)在 ModelSim 中新建工程，并编译程序文件和激励文件，如图 2-3 所示，

(4)通过时序波形工具查看输出的波形在正确的时刻是否正确，如图 2-4、图 2-5 所示。

七、实验报告

(1)写出实验源程序，并附上综合结果和仿真波形。

(2)画出 0110 序列检测的状态图。

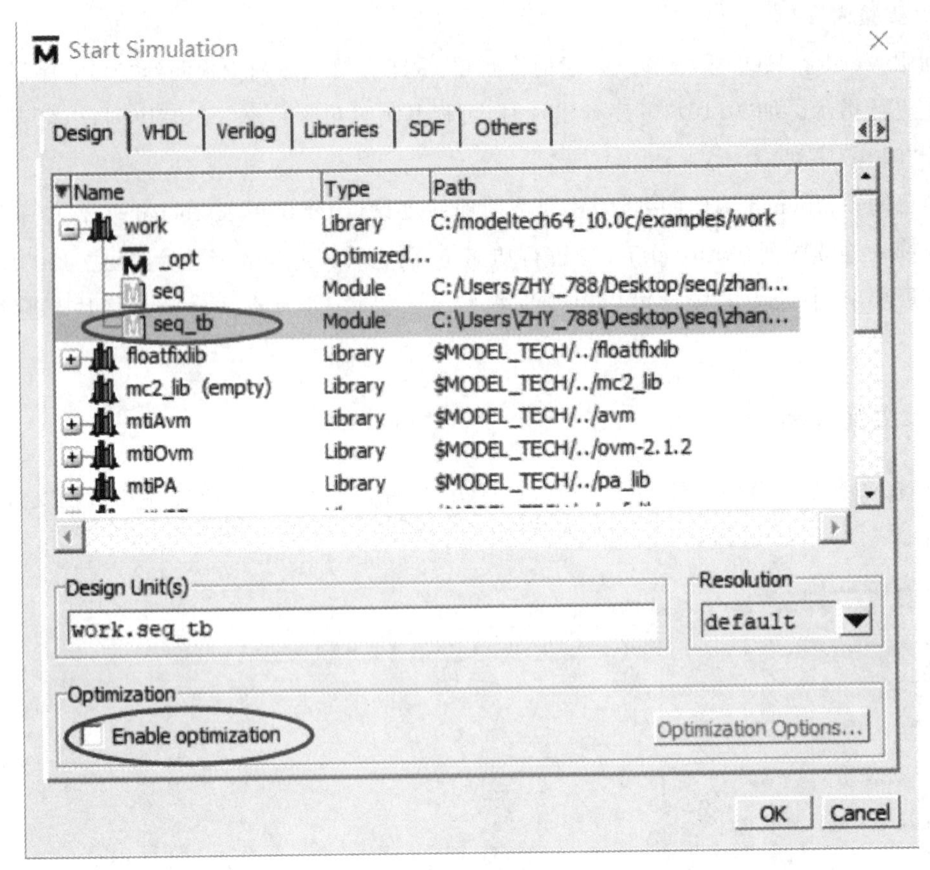

图 2-3　仿真界面选择

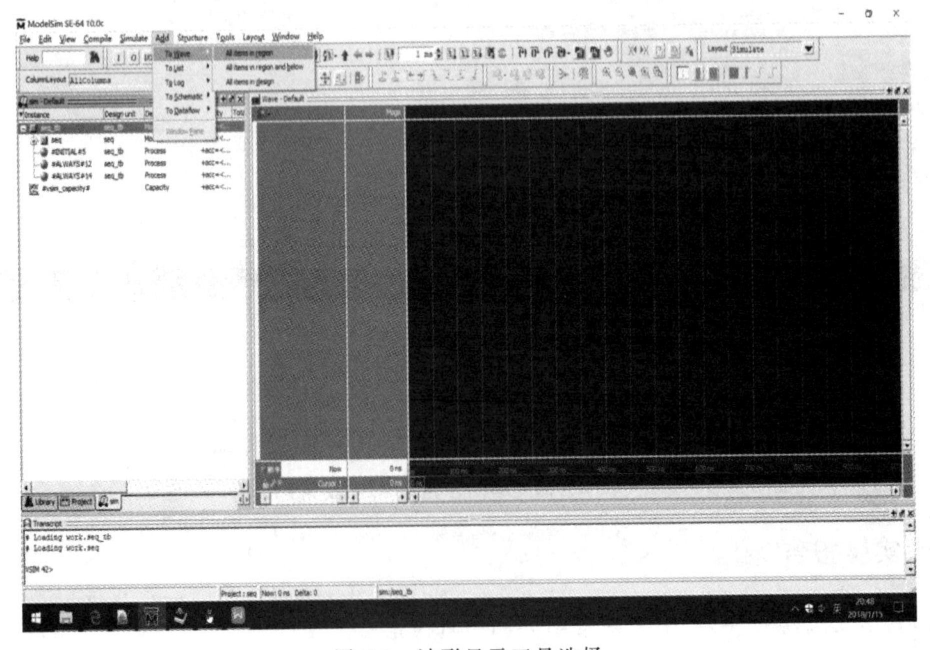

图 2-4　波形显示工具选择

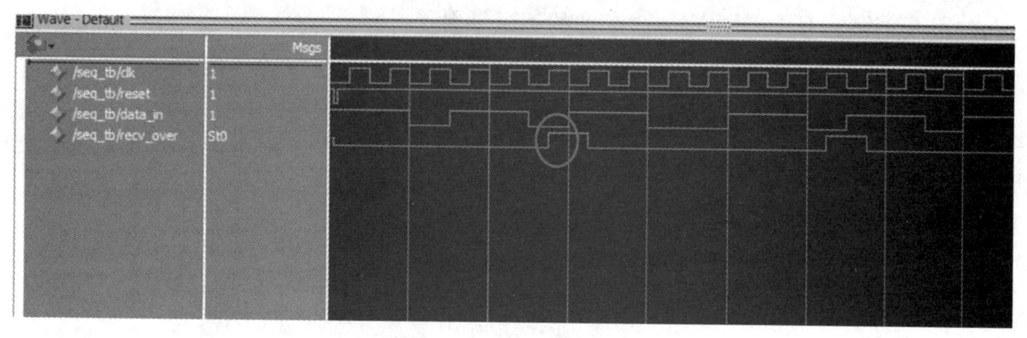

图 2-5　功能仿真结果

(3)讲述序列检测的基本原理。

(4)三段式状态机基本的格式规范。

(5)总结收获和反思。

八、问题及思考

(1)状态图代表什么?

(2)三段式状态机分别是哪三段,分别有什么作用?

(3)数据输入在什么时刻,状态对应的二进制数选择有没有具体要求?

(4)序列检测如何上板运行,需要添加什么模块(拓展部分)?

第二节　数字钟的设计

一、预习内容

(1)结合教材中的介绍熟悉 QuartusⅡ、ModelSim 软件的使用及 FPGA 设计流程。

(2)计数器、数码管工作原理。

二、实验目的

(1)掌握 Verilog HDL 设计方法。

(2)熟悉 QuartusⅡ、ModelSim 软件的使用及设计流程。

(3)掌握简易数字钟的原理与设计方法。

三、实验器材

PC 机一台、配套 EDA 开发工具 QuartusⅡ、ModelSim、FPGA 开发板。

四、实验要求

(1)用 Verilog HD 设计一个简易数字钟。

(2)用 Verilog HDL 设计简易数字钟的测试平台。

(3)用 QuartusⅡ完成简易数字钟的综合实现。

(4)用 ModelSim 完成简易数字钟的功能仿真。

(5)将程序下载到 FPGA 开发板中,验证实验现象。

(6)加入校时功能。

五、实验原理与内容

1. 原理

在数字系统设计中,主要分为两类:组合电路与时序电路。电子数字钟是日常生活中最常见的数字系统,其本质属于时序逻辑电路,内部核心电路主要由不同进制的多个计数器级联构成,输入时钟基准频率为 1Hz。计数器是数字电路设计当中最常用的基本模块单元之一,由信号触发的原理可分为同步计数器和异步计数器两种。在异步计数器中,有的触发器直接受输入计数脉冲控制,有的触发器则是把其他触发器的输出信号作为自己的时钟脉冲,因此各个触发器状态变换的时间先后不一,故被称为“异步计数器”,如图 2-6 所示。异步加法计数器线路连接简单,各触发器是逐级翻转的,因而工作速度较慢。

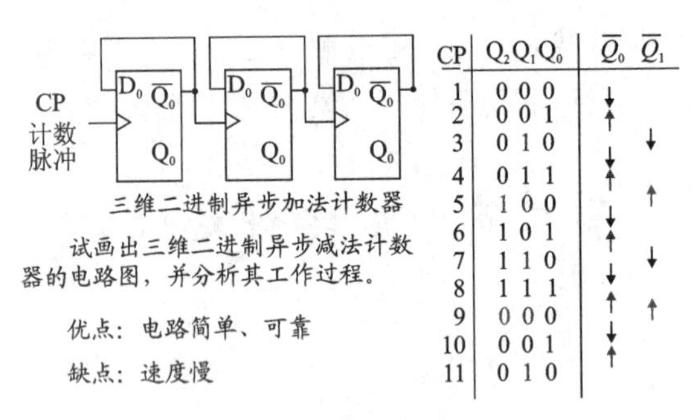

图 2-6　异步计数器原理

在同步计数器中,各触发器受同一输入计数脉冲控制,计数脉冲同时接到各位触发器,各触发器状态的变换与计数脉冲同步,故称为“同步计数器”,如图 2-7 所示。由于各触发器同步翻转,因此工作速度快,但接线较复杂。

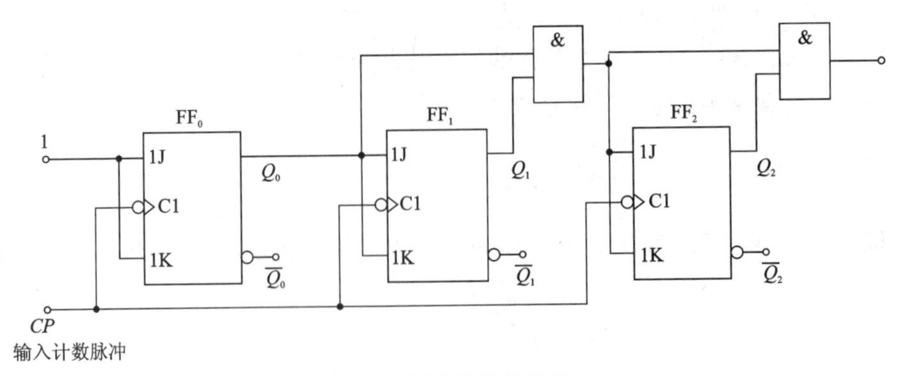

图 2-7　同步计数器原理

同步计数器的触发信号是同一个信号。具体来说，每一级的触发器接的都是同一个 CLK 信号。异步计数器的触发信号是不同的，例如第一级的输出 Q' 作为第二级的触发信号（图 2-8）。几进制的区分：看数据输出端的接线方法，当接线满足那个计数时会导致“清零”端或者是“置数端”满足工作状态。导致这一计数状态之后回到零。这样就很容易判定计数器是几进制的了。

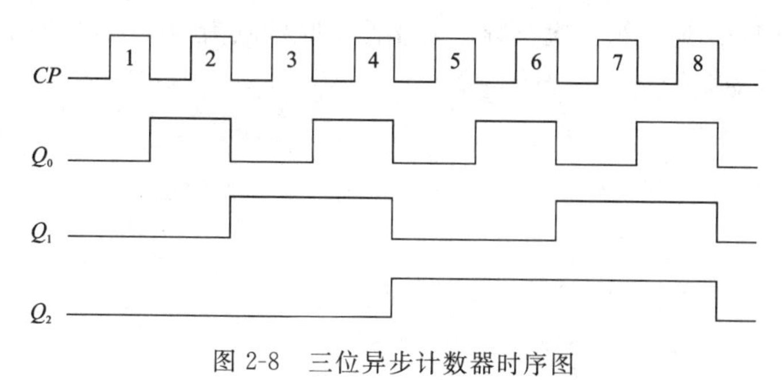

图 2-8　三位异步计数器时序图

2. 实现原理

实验室的 FPGA 开发板的时钟晶振为 50MHz，而数字时钟计数脉冲的基础频率是 1Hz，因此不能将其晶振时钟直接作为内部秒钟的计数器，可通过 2 个分频器级联，分别将 50MHz 分频为 200Hz 和 1Hz，再将 1Hz 作为数字显示时钟的基础频率。因为数码管的显示方式为动态显示，所以可用 200Hz 的时钟信号循环扫描控制数码管位选。人眼的视觉残留特性，能够忽略 LED 灯的高频闪烁，除了亮度会稍微降低之外，人眼会将其看作是常亮而并非闪烁的。在对时钟要求不是很严格的 FPGA 系统中，分频通常都是通过计数器的循环计数来实现的，例如 10 分频的分频器就可以是一个十进制的计数器（计满清零时输出一个脉冲），也可以用五进制的计数器实现（计满清零时输出信号反转）。而时、分、秒的个位和十位也分别用不同进制的计数器实现。例如，秒钟的个位计数满 10，溢出归 0 的时候，就向十位发送了一个信号，秒钟十位计数到 6 的时候，将自身清零并向分钟的个位发送一个计数信号，以此类推，时、分、秒都能达到准确计时的目的。系统原理框图如图 2-9 所示。

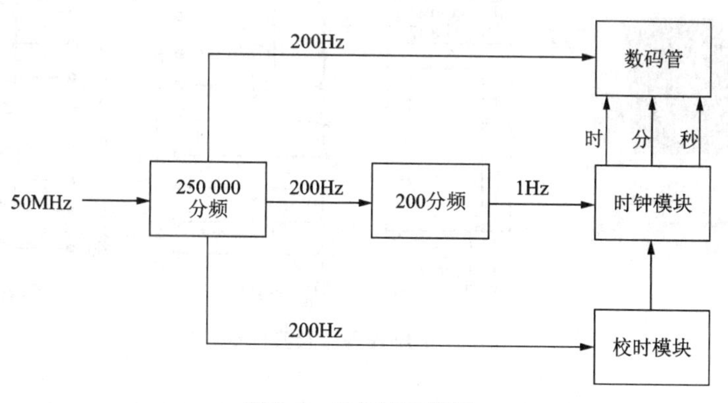

图 2-9　系统原理框图

200Hz 的时钟作为数码管位选的控制信号的同时，也可以作为检测拨码开关的信号的键盘扫描频率，当检测到拨码开关对应的校时信号时，1Hz 的时钟脉冲就会直接输入到“时钟”或“分钟”的输入端，这样就能在不增加设计成本的同时实现校时功能了。

在输入时钟为 50MHz 的时候，利用循环计数器计数到 125 000，输出电平翻转。这样第二次计数到 125 000 时，输出电平又翻转回来了，输出的一个周期就相当于 250 000 分频，而 50M÷250K=200Hz。通过第一次分频后就能使得时钟减为 200Hz，程序示例如下：

```
always @ (posedge clk)      //200Hz
begin
        if(cnt_clk_200hz > 17'd124999)   //200Hz 时钟寄存器,5ms
        begin
                clk_200hz<=~ clk_200hz;
                cnt_clk_200hz<= 0;
        end
        else
        begin
                cnt_clk_200hz<= cnt_clk_200hz + 1'b1;
        end
end
```

第二级 200Hz 到 1Hz 的分频原理和上述类似，这里不再赘述。

常用的数码管为 8 段(或 7 段)显示，如图 2-10 所示。实质上每一段都是一个发光二极管(LED)，将所有 LED 的阴极或阳极连接到一起的引脚被称为 com 端口。根据 com 所在的极性不同，可分为共阴数码管(com 为阴极)和共阳数码管(com 为阳极)两种，其中使用较多的是共阴数码管，所以本次实验以共阴数码管为例。当通过的电流为 5～20mA 时，就能点亮 LED(电流越大，灯越亮)。

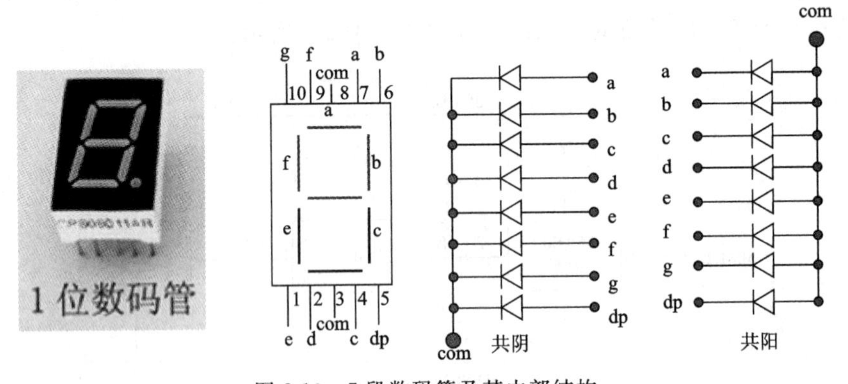

图 2-10　7 段数码管及其内部结构

对于多位数码管，为了节省控制引脚，一般是将每一位的 a、b、c、d、e、f、g、dp 端连接到一起，而各自的 com 端口是独立的(图 2-11 中的 D1、D2、D3、D4)。通过控制不同的 com 端口

(通常将其称为位选信号),达到点亮任意一个 LED 灯的目的,如图 2-11 所示。

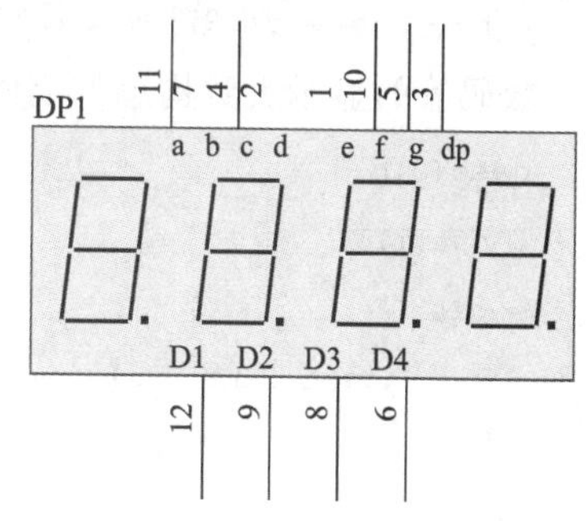

图 2-11　4 位数码管及其引脚图

如果要同时点亮多位数码管,并且每一位显示的数字不同,这在理论上是不可能的,因为段选信号(a、b、c、d、e、f、g、dp)是共用的,无法同时控制两个数码管显示不同的数字。但由于人眼的视觉残留效应,当灯闪烁的频率足够快的时候(50Hz 以上),人眼是无法察觉灯在闪烁的,我们可以用极快的频率循环点亮不同的灯,让每个灯显示不同的数字,这样就能做到视觉上同时显示不同的数字,如图 2-12 所示。

图 2-12　数码管动态显示

数字钟一般来说最少需要 6 位数码管来显示时间,所以位选信号的位宽为 6bit,根据动态扫描的原理,可以将 200Hz 的时钟作为位选信号的切换时钟,在 6bit 的信号中,“0”代表的是选中,而“1”表示的是未选中。例如,“111011”代表此时选中第 3 位数码管(从右往左数),即分钟的个位。当位选信号选中该数码管时,段选信号(位宽 8bit)就将此刻的数字发送到数据端,对应段的 LED 点亮,数字就在数码管上显示出来了。显示不同数字的数据如下:

```
4'h0 : seg<= 8'hc0; // 显示"0"
4'h1 : seg<= 8'hf9; // 显示"1"
4'h2 : seg<= 8'ha4; // 显示"2"
4'h3 : seg<= 8'hb0; // 显示"3"
4'h4 : seg<= 8'h99; // 显示"4"
4'h5 : seg<= 8'h92; // 显示"5"
4'h6 : seg<= 8'h82; // 显示"6"
4'h7 : seg<= 8'hf8; // 显示"7"
```

```
4'h8 : seg<= 8'h80; // 显示"8"
4'h9 : seg<= 8'h90; // 显示"9"
```

数码管的显示大致构思如上所述，例如秒钟的显示程序如下：

```
case(dig)
6'b011111:
begin
        case (disp_sl)
                4'h0 : seg<= 8'hc0; //显示"0"
                4'h1 : seg<= 8'hf9; //显示"1"
                4'h2 : seg<= 8'ha4; //显示"2"
                4'h3 : seg<= 8'hb0; //显示"3"
                4'h4 : seg<= 8'h99; //显示"4"
                4'h5 : seg<= 8'h92; //显示"5"
                4'h6 : seg<= 8'h82; //显示"6"
                4'h7 : seg<= 8'hf8; //显示"7"
                4'h8 : seg<= 8'h80; //显示"8"
                4'h9 : seg<= 8'h90; //显示"9"
                default: seg<= 8'hc0; //显示"0"
        endcase
        dig<= 6'b111110;
end
6'b111110:
begin
        case (disp_sh)
                4'h0 : seg<= 8'hc0; //显示"0"
                4'h1 : seg<= 8'hf9; //显示"1"
                4'h2 : seg<= 8'ha4; //显示"2"
                4'h3 : seg<= 8'hb0; //显示"3"
                4'h4 : seg<= 8'h99; //显示"4"
                4'h5 : seg<= 8'h92; //显示"5"
                default: seg<= 8'hc0; //显示"0"
        endcase
        dig<= 6'b111101;
end
```

时钟计数时，需要注意进位时刻寄存器的变化，例如当个位向十位进位的时候，个位数字从“9”变为“0”，因为寄存器的变动是在时钟的推动下完成的，所以数据会在寄存器内停留一个时钟，因而进位的条件是“disp_sl==9”，而并非“disp_sl>9”。同理，秒钟向分钟进位时，条件是“disp_sl＝＝9 && disp_sh＝＝5”。为了加入校时功能，即检测到按键按下时(低电平)，让1Hz的时钟直接进入分钟或时钟的寄存器计时，于是在进位条件里可以看到如“key_m_en＝＝1”的语句，目的是忽略前面的条件，直接计数，达到校时的目的。例如，秒钟计时并向分钟进位的程序如下：

```
if(disp_sl< 9)
begin
        disp_sl<= disp_sl + 1'b1;
end
else
begin
        disp_sl<= 0;
end
if(disp_sl == 9)
begin
        if(disp_sh< 5)
        begin
                disp_sh<= disp_sh + 1'b1;
        end
        else
        begin
                disp_sh<= 0;
        end
end
if((disp_sl == 9&&disp_sh == 5)||key_m_en == 1)
begin
        if(disp_ml< 9)
        begin
                disp_ml<= disp_ml + 1'b1;
        end
        else
        begin
                disp_ml<= 0;
        end
end
if((key_m_en == 1||(disp_sl == 9&&disp_sh == 5))&&disp_ml == 9)
begin
```

```
        if(disp_mh< 5)
        begin
                disp_mh<= disp_mh + 1'b1;
        end
        else
        begin
                disp_mh<= 0;
        end
end
```

六、实验步骤

(1)打开 QuartusⅡ并创建工程 clock,注意选择对应的 FPGA 芯片型号,如图 2-13 所示。

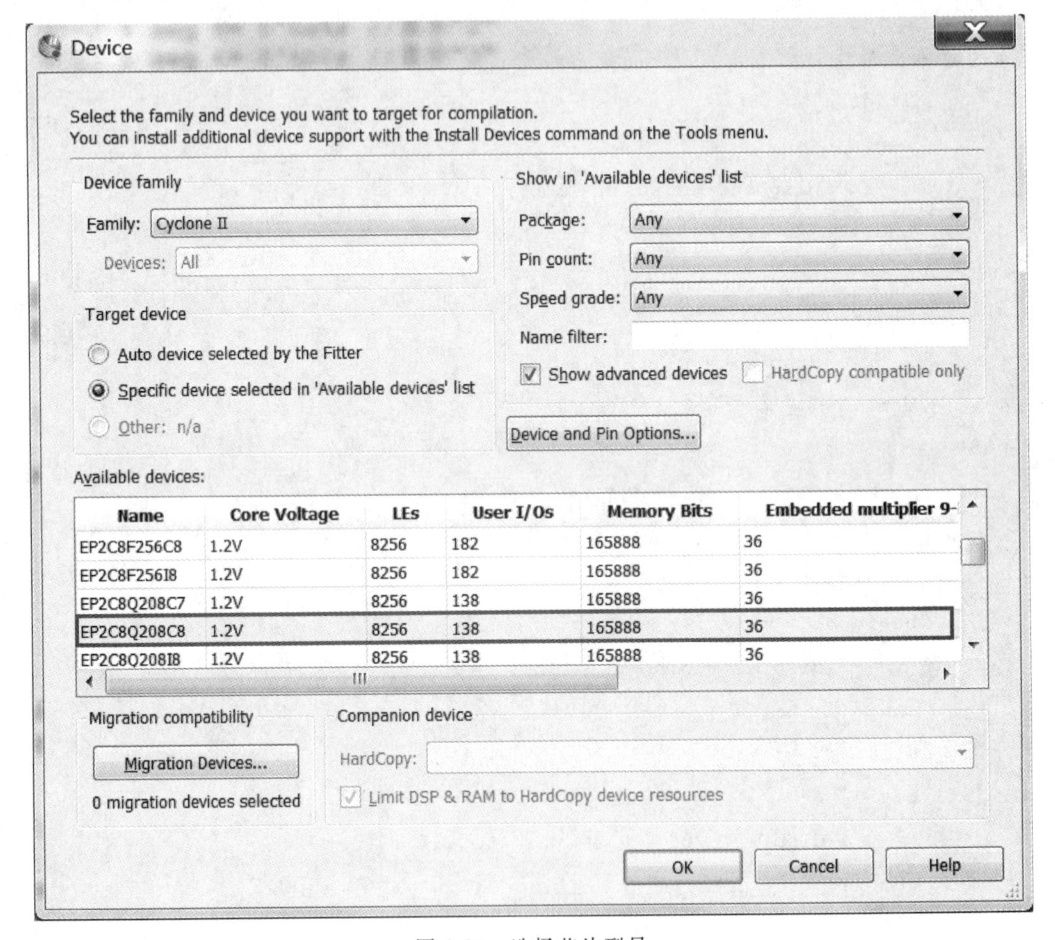

图 2-13　选择芯片型号

(2)新建 clock.v 文件到工程,如图 2-14 所示。

(3)编译工程,如图 2-15 所示。

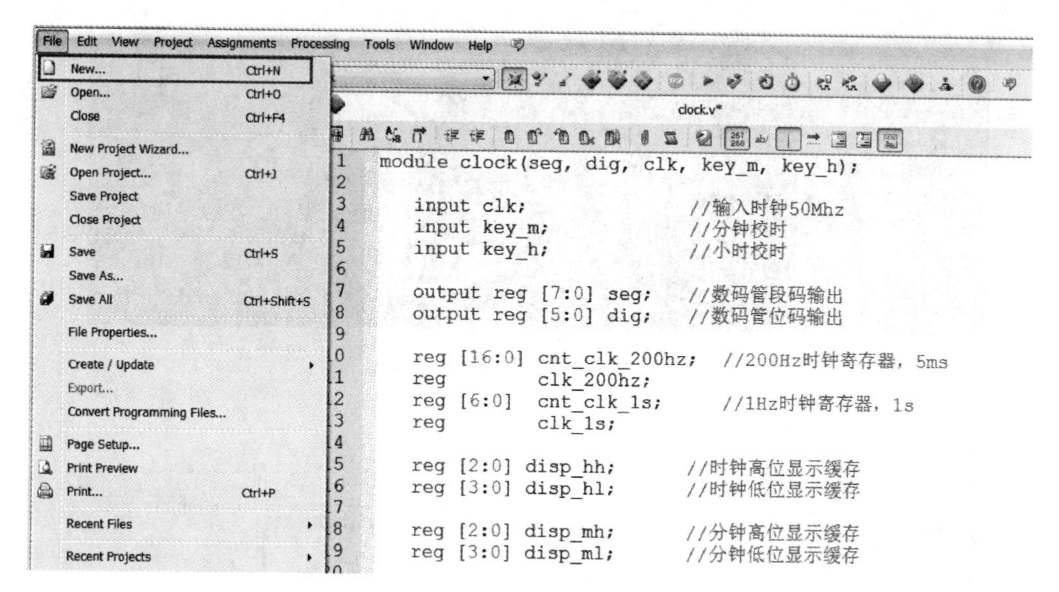

图 2-14　编写源程序

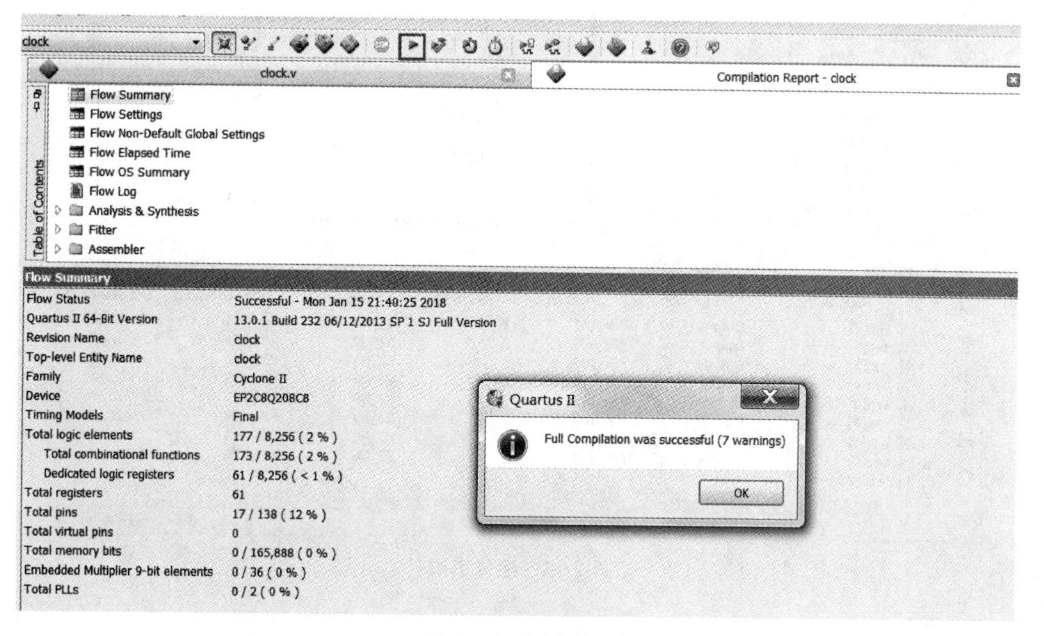

图 2-15　编译工程

(4)功能仿真，如图 2-16 所示。

(5)点击 Pin Planner 配置 FPGA 引脚(依据原理图上的引脚配置)，如图 2-17 所示。

(6)再次编译，通过 Programmer 将生成的 clock. sof 文件下载开发板，并观察实验现象，如图 2-18、图 2-19 所示。

sof 文件是通过 JTAG 下载的，用于调试时使用，断电后程序将会消失，请勿将下载器插入到 AS 接口。

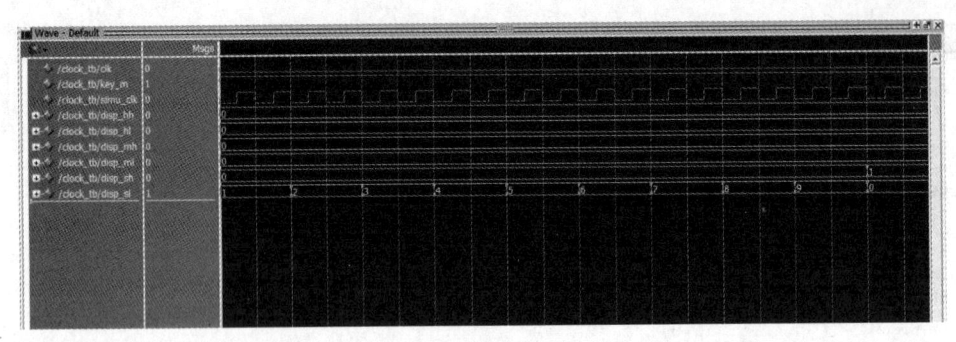

图 2-16　功能仿真

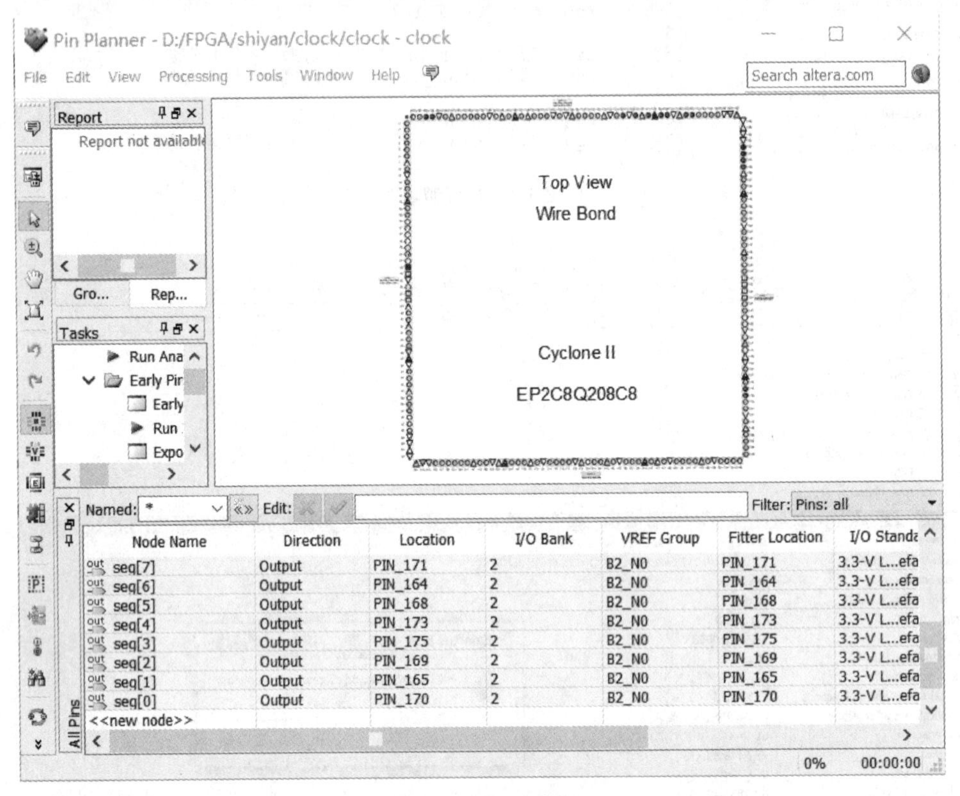

图 2-17　配置引脚

七、实验报告

(1)写出实验源程序,并附上综合结果和仿真波形。

(2)下载到开发板上验证实验结果。

(3)分析实验结果。

(4)心得体会:本次实验中的感受,从实验中获得了哪些收益,本次实验的成功之处,本次实验中还有待改进的地方,下次实验应该从哪些地方进行改进,怎样提高自己的实验效率和实验水平等。

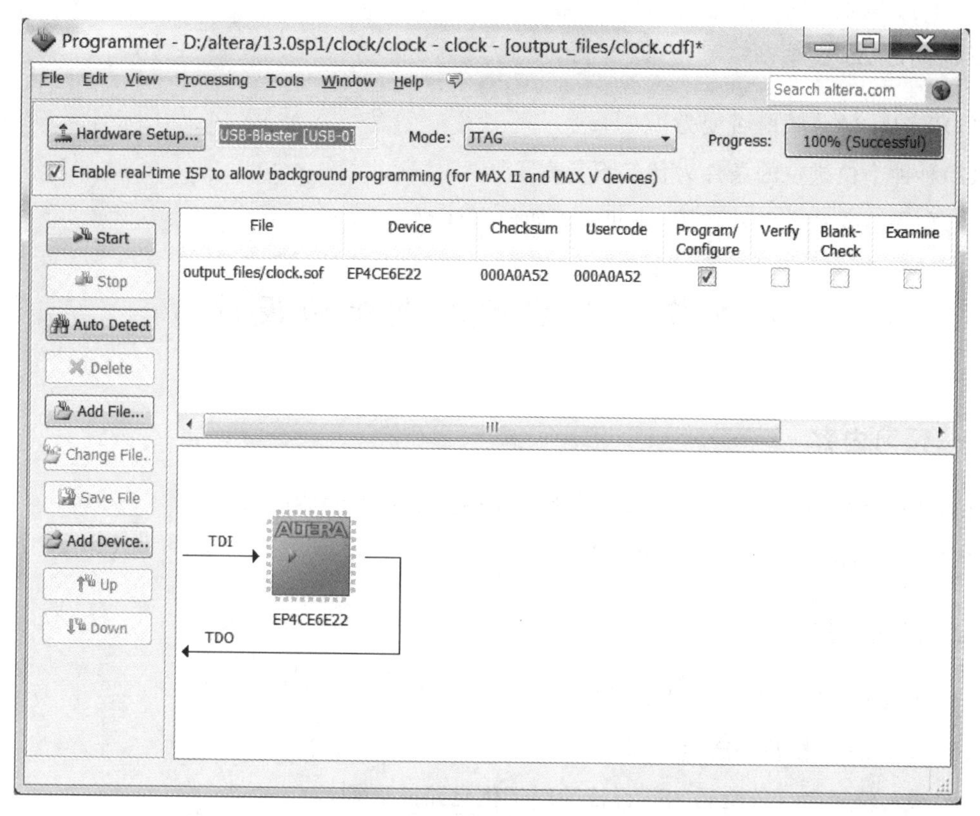

图 2-18　程序下载

图 2-19　观察实验现象

八、问题及思考

(1)200Hz 的分频能否变为 100Hz？

(2)秒钟个位进位的条件为什么不是大于 9？

(3)如果需要加入闹钟功能,请问应该如何设计?

第三节　CRC 校验电路的设计

一、预习内容

(1)结合教材中的介绍熟悉 QuartusⅡ、ModelSim 软件的使用。

(2)掌握 CRC 校验码产生电路的设计原理。

二、实验目的

(1)掌握 Verilog HDL 设计方法。

(2)掌握 CRC 校验码产生原理。

(3)深入理解串行校验码和并行校验码产生电路的区别。

三、实验器材

PC 机一台、配套 EDA 开发工具 QuartusⅡ、ModelSim 。

四、实验要求

(1)校验码产生多项式为$X^{16}+X^{12}+X^{5}+1$,给定一定长度的数字信号输入,计算其 16 位 CRC 校验码的数值,能够用串行和并行的两种方式实现 16 位 CRC 校验码产生电路,能够独立编写代码和测试激励。

(2)能够正确使用 ModelSim 软件进行代码的功能仿真。

(3)在输入一定的情况下对比串行产生电路与并行产生电路生成的 CRC 校验码,对比一致代表正确。

(4)提交实验报告,要求有全部代码及实验现象的基本描述等。

五、实验原理与内容

1. CRC 校验码基本原理

CRC 校验码广泛应用于帧校验,在信道编码中是一种相对比较常用的方式。

设我们要传送 K 位信息码元,根据其序列推算出与其相关的 r 位监督码,以便接受方进行校验。CRC 码有以下 4 个生成多项式：

(1)CRC－ITU－T：1_0001_0000_0010_0001。

(2)CRC－12：1_1000_0000_1111。

(3)CRC－16：1_1000_0000_0000_0101。

(4)CRC－32：1_0000_0100_1100_0001_0001_1101_1011_0111，本次实验使用的是欧洲国家所使用的 CRC-ITU-T。

下面我们以序列 11111111 为例，介绍推算其 CRC 校验码的基本步骤：

(1)由于生成多项式为 17 位，所以先将序列向左平移 16 位，再在低位上填补 16 位 0。

(2)将得到的新序列除以(模 2 除法，实质为异或)生成多项式，得到的余数便为原序列的 CRC 校验码。

按此方法计算，序列 11111111 的 CRC 校验码(CRC-ITU-T)为 0001111011110000。

2. 串行算法原理

串行算法即每次只有一位数据新参与运算，当输入新的位参与运算时，信息多项式为：

$$M(x)=M_n\times 2^{16} \tag{2-1}$$

上一次 CRC 计算的结果为：

$$R_{n+1}(x)=A_{15}\times 2^{15}+A_{14}\times 2^{14}+\cdots+A_0\times 2^0 \tag{2-2}$$

新的 CRC16 值$[R_{n+1}(x)\times 2+M(x)]/G(x)$的余数，设：

$$Q(x)=R_{n+1}(x)\times 2+M(x) \tag{2-3}$$

则

$$Q(x)=(A_{15}+M_n)\times 2^{16}+A_{14}\times 2^{15}+\cdots+A_0\times 2^1 \tag{2-4}$$

当上一个 CRC16 结果的最高位A_{16}和输入的数值M_n模 2 加法结果为 1 时，上一次 CRC 结果右移一位，完成乘 2 的过程，再与 $G(x)$多项式的系数进行异或运算，完成减法。由于任何数与 0 异或保持不变，所以运算结果即为新的 CRC16 值；当上一个 CRC16 结果的最高位A_{15}和输入的数值M_n模 2 加法结果为 0 时，$Q(x)$不够除，$Q(x)$本身作为余数存入寄存器，获得新的 CRC16 值。由于$A_{15}+M_n$的结果为 0，异或不起作用，$Q(x)=A_{14}\times 2^{15}+A_{13}\times 2^{14}+\cdots+A_1\times 2^2+A_0\times 2^1$，由$R_{n+1}(x)$右移一位获得，$Q(x)$的 0 次幂为 0，刚好把$A_{15}+M_n$的结果作为输入。

3. 并行算法原理

同时输入数据所有位，根据生成多项式进行移位并补零后，循环移位与生成多项式进行模 2 除法，其所得余数即为 CRC 校验码。

4. 工作流程图

串行方式工作流程图如图 2-20 所示，并行方式工作流程图如图 2-21 所示。

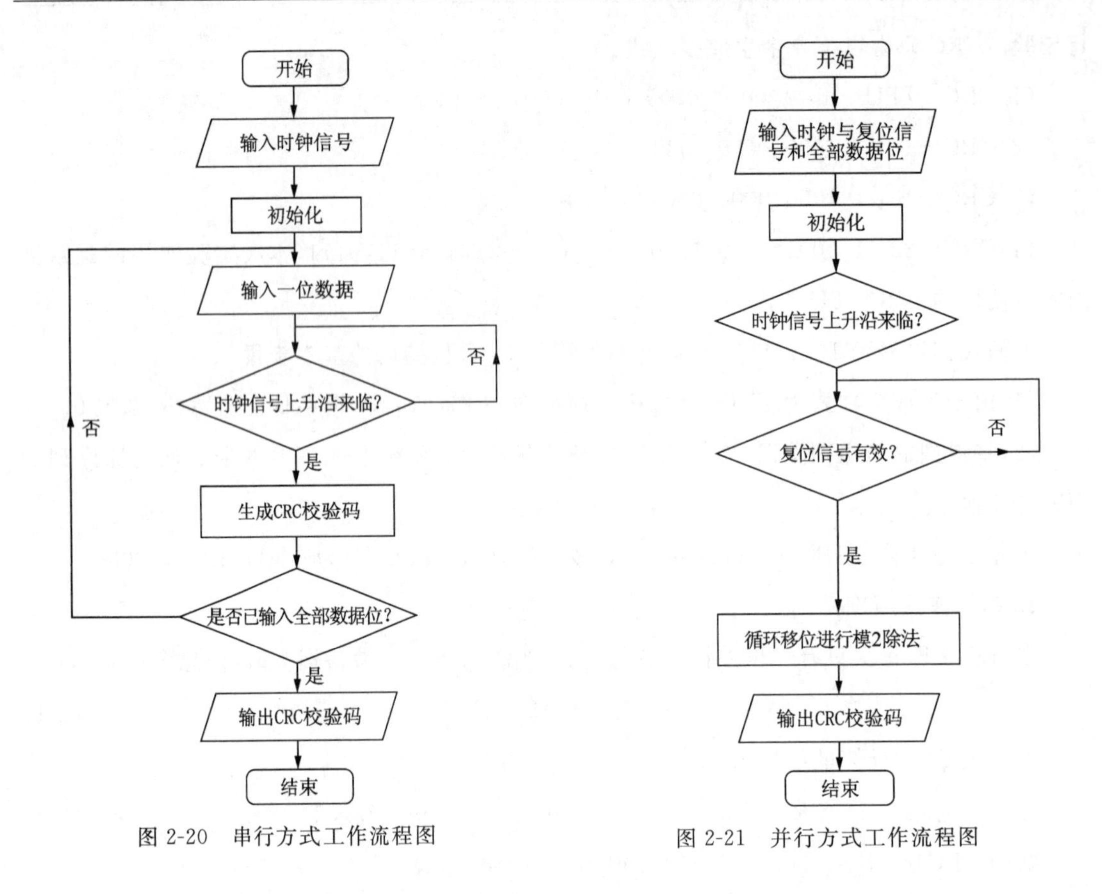

图 2-20　串行方式工作流程图　　　图 2-21　并行方式工作流程图

六、实验步骤

(1)打开 ModelSim 创建工程,添加源程序和激励文件,点击 Complie→Complie All 进行编译,出现绿色对勾则表示编译成功,随后点击 Simulate→Start Simulation 进行仿真,如图 2-22所示。

(2)在弹出的 Start Simulation 对话框中,先将 Optimization 中的对勾去掉,再在 work 工作库中选择激励文件,如图 2-23 所示。

(3)右击激励文件名称,点击 add to→wave→all items in region 添加波形,如图 2-24 所示。再点击 Run All 键观察结果。

(4)分别观察串行方法和并行方法的仿真波形(图 2-25、图 2-26),验证结果是否正确。

七、实验报告

(1)写出串行与并行两种方式来产生 CRC 校验码的实验源程序,串行方式实现了每个时钟脉冲处理一位的效果,并行方式实现了一次输入数据所有位便得到最终结果的效果。

(2)分别对串行方式和并行方式使用仿真软件进行仿真。

(3)分析实验结果。

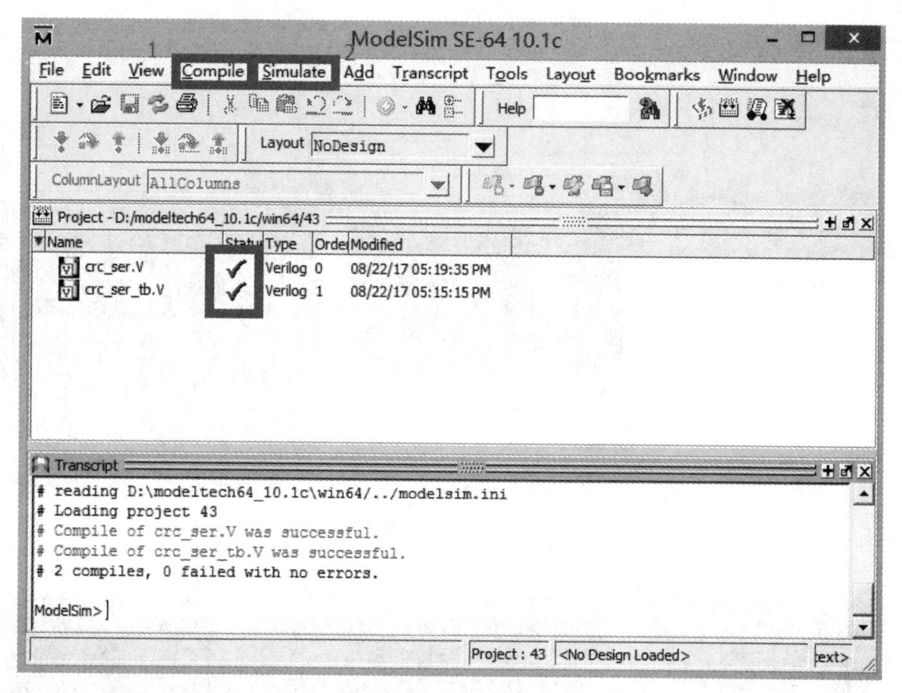

图 2-22　编译文件

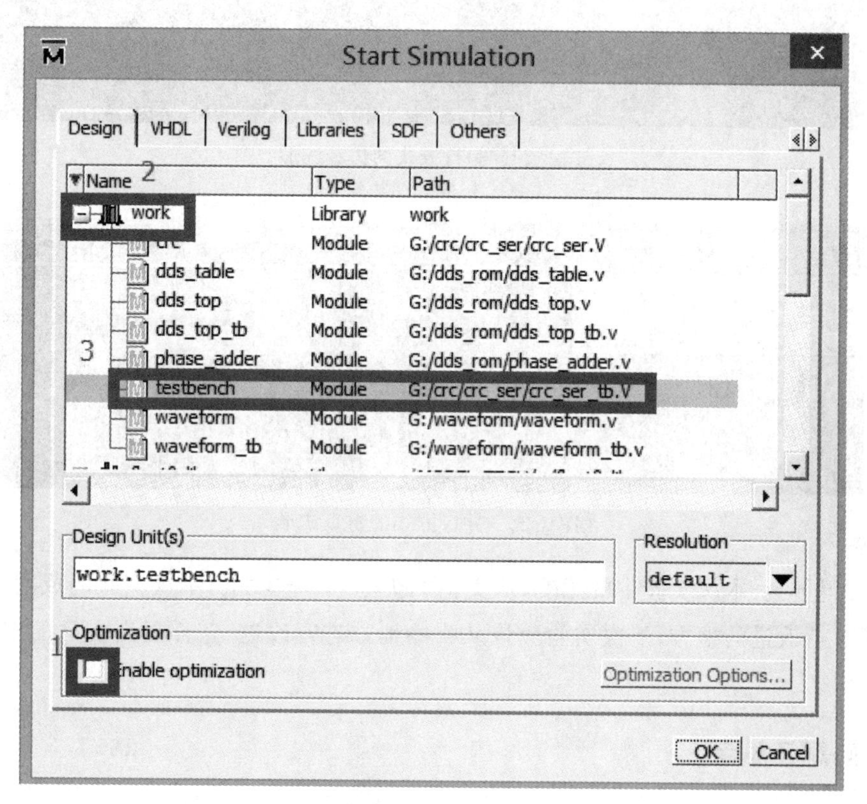

图 2-23　选择激励文件

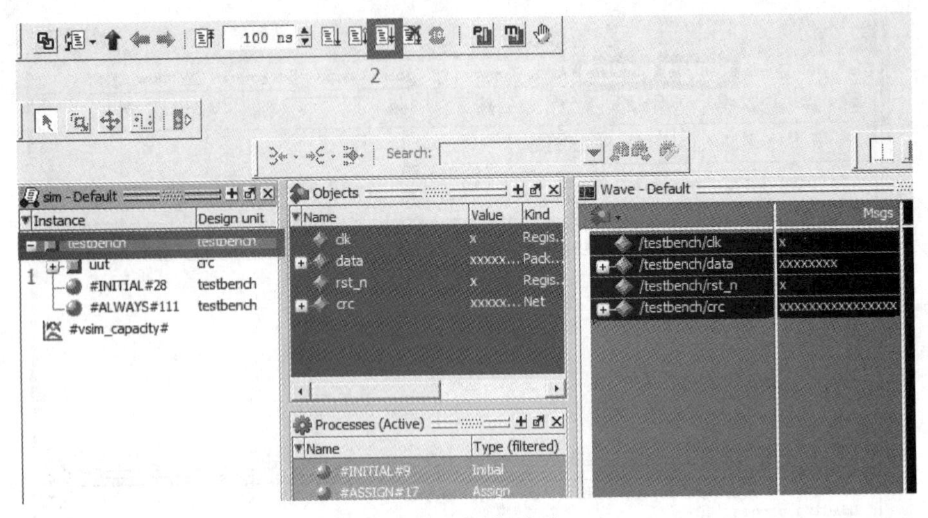

图 2-24　添加波形

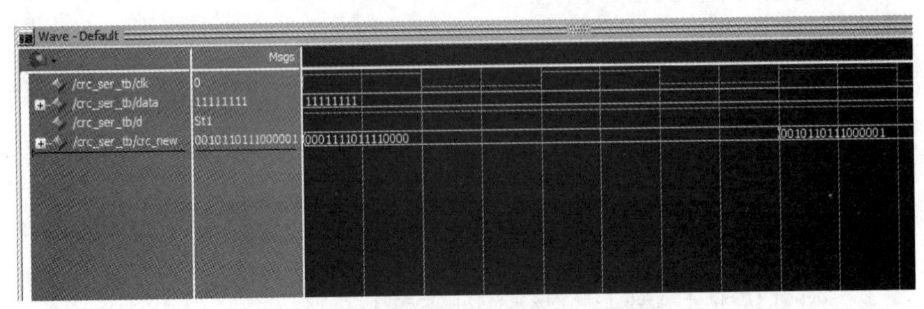

图 2-25　串行方式的仿真波形

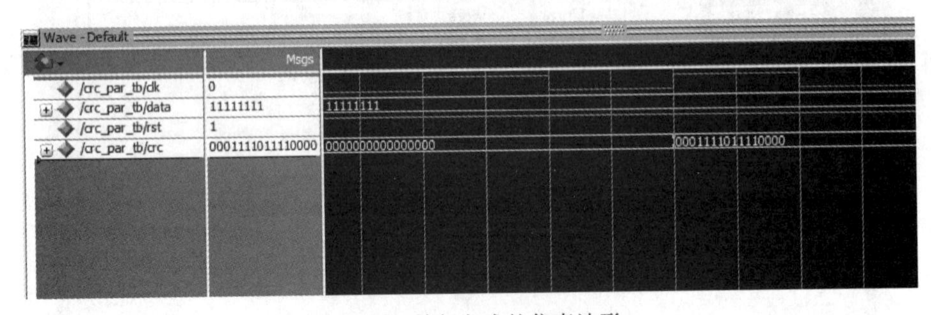

图 2-26　并行方式的仿真波形

(4)心得体会:本次实验中的感受,从实验中获得了哪些收益,本次实验的成功之处,本次实验中还有待改进的地方,下次实验应该从哪些地方进行改进,怎样提高自己的实验效率和实验水平等。

八、问题及思考

(1)CRC 校验码产生电路串行与并行两种方式都有哪些方面的区别?

(2)探索使用公式法(校验码的每一位均由公式计算得出)设计并行 CRC 校验码产生电路。

(3)尝试利用另外几种生成多项式设计 CRC 校验码产生电路。

第四节 SPI 接口设计

一、预习内容

(1)结合教材中的介绍熟悉 QuartusⅡ、ModelSim 软件的使用及设计流程。

(2)SPI 接口设计的原理设计原理。

二、实验目的

(1)掌握 Verilog HDL 设计方法。

(2)掌握 SPI 接口电路的基本原理。

(3)能够实际验证设计的正确性。

三、实验器材

PC 机一台、配套 EDA 开发工具 QuartusⅡ、ModelSim。

四、实验要求

(1)能够独立编写代码和测试激励。

(2)能够正确使用 ModelSim 软件进行代码的功能仿真。

(3)提交实验报告,要求有全部代码及实验现象的基本描述等。

五、实验原理与内容

1. SPI 接口基本原理

SPI 总线系统是一种同步串行外设接口,它可以使 MCU 与各种外围设备以串行方式进行通信以交换信息。外围设置 FLASHRAM、网络控制器、LCD 显示驱动器、A/D 转换器和 MCU 等。SPI 总线系统可直接与各个厂家生产的多种标准外围器件直接接口,该接口一般使用 4 条线:串行时钟线 SCK、主机输入/从机输出数据线 MISO、主机输出/从机输入数据线 MOST 和低电平有效的从机选择线 SS(有的 SPI 接口芯片带有中断信号线 INT 或 INT、有的 SPI 接口芯片没有主机输出/从机输入数据线 MOSI)。

SPI 的通信原理很简单,它以主从方式工作,这种模式通常有一个主设备和一个或多个从设备,需要至少 4 根线,事实上 3 根也可以(单向传输时)。也是所有基于 SPI 的设备共有的,它们是 MOSI(数据输入),MISO(数据输出),SCLK(时钟),CS(片选)。

(1)MOSI:主设备数据输出,从设备数据输入。

(2)MISO:主设备数据输入,从设备数据输出。

(3)SCLK:时钟信号,由主设备产生。

(4)CS:从设备使能信号,由主设备控制。

其中CS是控制芯片是否被选中的,也就是说只有片选信号为预先规定的使能信号时(高电位或低电位),对此芯片的操作才有效。这就允许在同一总线上连接多个SPI设备成为可能。

接下来就是负责通讯的3根线了。通讯是通过数据交换完成的,这里先要知道SPI是串行通讯协议,也就是说数据是一位一位的传输的。这就是SCK时钟线存在的原因,由SCK提供时钟脉冲,MOSI、MISO则基于此脉冲完成数据传输。数据输出通过SDO线,数据在时钟上升沿或下降沿时改变,在紧接着的下降沿或上升沿被读取。完成一位数据传输,输入也使用同样原理。这样,在至少8次时钟信号的改变(上沿和下沿为一次),就可以完成8位数据的传输。

要注意的是,SCK信号线只由主设备控制,从设备不能控制信号线。同样,在一个基于SPI的设备中,至少有一个主控设备。这样传输的特点:这样的传输方式有一个优点,与普通的串行通讯不同,普通的串行通讯一次连续传送至少8位数据,而SPI允许数据一位一位的传送,甚至允许暂停,因为SCK时钟线由主控设备控制,当没有时钟跳变时,从设备不采集或传送数据。也就是说,主设备通过对SCK时钟线的控制可以完成对通讯的控制。

2. SPI协议

SPI接口是一种事实标准,并没有标准协议,大部分厂家都是参照Motorola的SPI接口定义来设计的,但正因为没有确切的版本协议,不同厂家产品的SPI接口在技术上存在一定的差别,容易引起歧义,有的甚至无法互联(需要用软件进行必要的额修改)。本次设计基于一种使用较为普遍的协议来进行设计,通过简单协议来理解并设计SPI接口功能。

SPI协议是一个环形总线结构,如图2-27所示。其时序其实比较简单,主要是在时钟脉冲SCK的控制下,两个双向移位寄存器SPI数据寄存器数据进行数据交换。我们假设主机的8位寄存器SPIDATA1内的数据是10101010,而从机的8位寄存器SPIDATA2内的数据是01010101,在上升沿的时候发送数据,在下降沿的时候接收数据,最高位的数据先发送,主机和从机之间全双工通信,也就是说两个SPI接口同时发送和接收数据,如图2-27所示。从图中我们也可以看到,SPIDATA移位寄存器总是将最高位的数据移出,接着将剩余的数据分别左移一位,然后将接收到得数据移入其最低位。

如图2-27所示,当第一个上升沿来的时候,SPIDATA1将最高位1移除,并将所有数据左移1位,这时MOSI线为高电平,而SPIDATA2将最高位0移出,并将所有数据左移1位,这样MISO线为低电平。当下降沿到来的时候,SPIDATA1将锁存MISO线上的电平,并将其移入其最低位,同样的,SPIDATA2将锁存MOSI线上的电平,并将其移入最低位。经过8个脉冲后,两个移位寄存器就实现了数据的交换,也就是完成了一次SPI的时序。

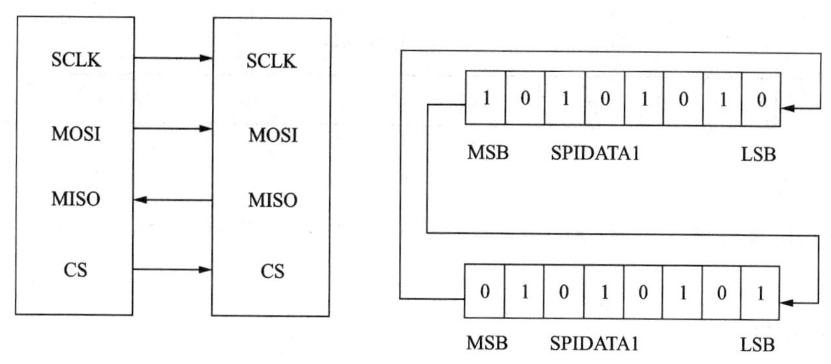

图 2-27　SPI 接口信号及其结构

3. SPI 工作模式

SPI 由工作方式的不同，可分为两种模式：主模式和从模式。

1）主模式

将 Master 的数据传送给 Slave，8 位数据传送，传送完毕，申请中断，如图 2-28 所示。

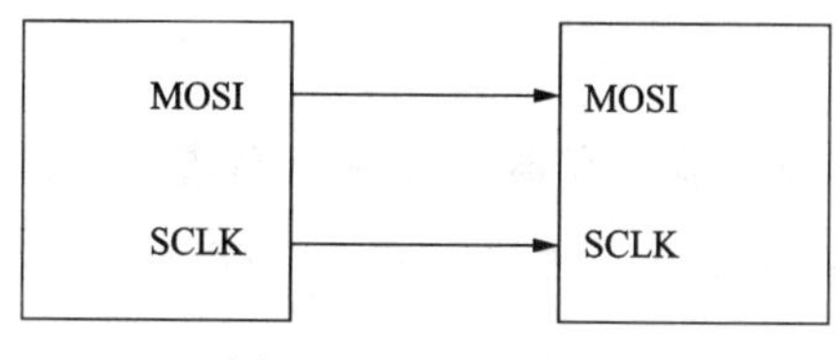

图 2-28　SPI 主模式

2）从模式

此时，从控制器从 MOSI 引脚接收串行数据并把数据移入自身移位寄存器的最低位或最高位。要注意的是，其是在主控制器输出时钟 SCLK 的控制下，在 SCLK 的上升沿或者下降沿读出一个数据输出给主设备。其传播模型如图 2-29 所示。

主设备可以再在任意时刻起动数据发送，因为它控制着 SCLK 信号，而在从模式下，从控制器要发送数据，必须要用先设置片选信号以确保使能端 CS 输入允许。

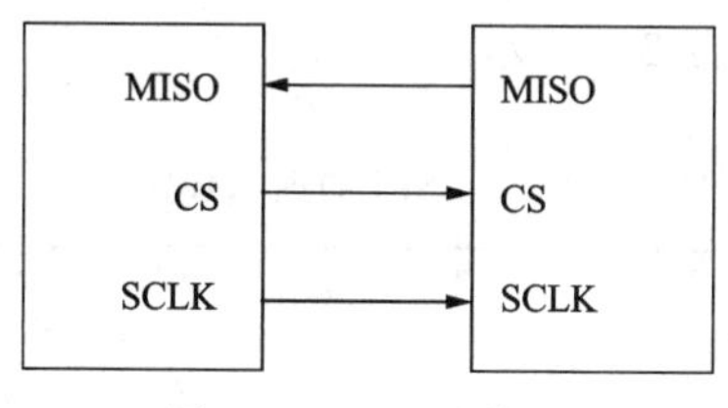

图 2-29　SPI 从模式

4. 寄存器设置

1）控制寄存器

本次只讲述主机的原理，从机比较简单便不叙述。其控制寄存器的控制位如表 2-1 所示。

表 2-1　控制寄存器

spie	spe	cpol	cpha	spr1	spr0

其各功能如下：

spie：当此位被置位为 1 时，则中断允许，即允许中断，当为 0 时，禁止中断。

'0'：禁止中断；

'1'：允许中断。

spe：当此位被置位为 1 时，则系统运行，当置位为 0 时，系统不运行。

'0'：系统运行允许；

'1'：系统允许禁止。

cpol：此为系统在空闲时的极性，当为 0 时，其为低电平为空闲时的极性，当为 1 时，其为高电平为空闲时的极性。

'0'：空闲时为低电平；

'1'：空闲时为高电平。

spr：此为速率选择位，其与扩展寄存器组合成速率选择，其可为 00，01，10，11，与扩展此寄存器组合成一组数列来选择数据传输速率。在速率控制中详细介绍。

2）状态寄存器

状态寄存器本次设计中只去了一位 spi_i 中断位，其与 spie 允许情况下允许中断，中断位传给 int_o 从而保证单片机完成读取数据后再重新传输数据。

5. SPI 速率控制

速率控制为控制寄存器的低两位和扩展寄存器的低两位共同控制的，本次设计通过此四位的控制一共支持 12 种速率，其为系统时钟的 N 次分频。

将不同的控制位赋值给 clkcnt 寄存器，该寄存器每一个时钟减一。当其减为 0 时，通过使控制状态机 ena 信号为 0 保持状态机状态不变，而当 ena 信号为 1 时使状态机运行，据此达到分频的目的。其详细控制如表 2-2 所示。

表 2-2　SPI 的速率控制

spre	espr	clkcnt	分频
00	00	0	2 分频
00	01	1	4 分频
00	10	2	8 分频
00	11	3	16 分频
01	00	4	32 分频
01	01	5	64 分频

续表 2-2

spre	espr	clkcnt	分频
01	10	6	128 分频
01	11	7	256 分频
10	00	8	512 分频
10	01	9	1024 分频
10	10	a	2048 分频
10	11	b	4096 分频

由于每一个时钟上升沿执行一次，从而每个完整时钟 sck_o 执行一次跳变，故其为 2 的 N 次分频，如表 2-2 所示，设计的端口如表 2-3 所示。

表 2-3　设计的端口以及功能

端口名称	数据位宽	信号流向	功能描述
int_o	1	output	中断输出，确保已传数据被读取
rst_i	1	input	异步复位
we_i	1	input	写使能端，写数据
dat_i	8	input	输入数据或指令
adr_i	2	input	写指令数据选择
sck_o	1	output	SPI 时钟输出
mosi_o	1	output	数据串行输出
miso_i	1	input	数据串行输入
cs_o	1	output	片选
dat_o	8	output	输入数据并行给微处理器

6. SPI 控制状态机

SPI 控制状态机是本次设计的核心部分，是整个设计的大脑，控制着整个程序的执行过程和完成设计实现功能。控制状态机主要用于片选信号 cs 的选择和输出时钟 sck 的产生，以及数据载入和输出等。它控制各个模块的状态，然后根据相应的状态做出相应的操作。

在状态机运行之前，以及数据传输之前，所做的工作便是初始化工作，即必须先确定允许中断，允许系统运行，设置先发送的数据位，设置极性相位，即设置控制寄存器使之系统进入正常运行状态，首先必须设置 spe 位为 1，即只有其为 1 时系统才运行，当达到 adr[1:0]=10 时，便是发送接收数据的命令。此时进入状态机的空闲状态 2'b00，在空闲状态，所做的工作是设置空闲的时的极性和相位，完成后便进入发送准备载入发送数据阶段 2'b01。此时为达到控制速率，使用一 ena =～|clkcnt 允许位，只有其为 1 时，才执行此状态的程序，否则保持，

在此状态中，所做的工作是反向 sck 信号，载入数据，选中信号片选信号 cs 端，便开始发送接收数据，同时此时的第一位发送，便进入 2'b10 状态。此状态时为配置 sck 信号，使 sck 信号输出脉冲与发送数据脉冲匹配，从而可在 sck 的上升沿或下降沿锁存数据并发送数据。

完成后进入到接受数据状态 2'b11，此时为发送数据的核心状态，其数据接收传输寄存器移位完成数据的接收，在接收的同时也发送了一位数据。

当发送完 8 位后便产生一个发送完成信号，当控制状态机读取到此信号后便设置 spe 为 0，并清除发送完成信号，然后再次设置 spe 信号为 1，开始下一次传输。少于 8 次则保留到当前状态。其状态图如图 2-30 所示。

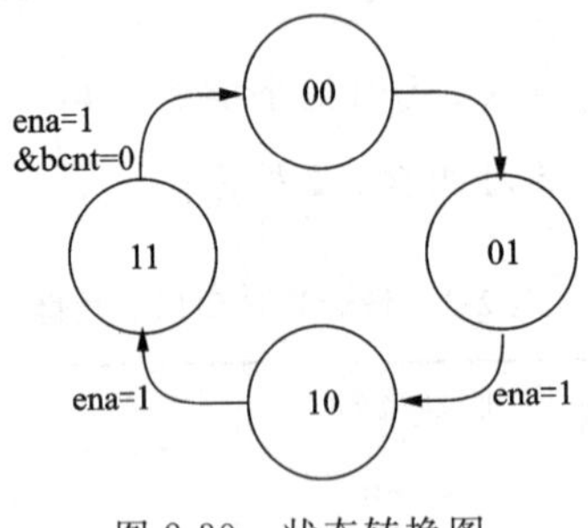

图 2-30　状态转换图

7. 设计流程图

本次设计的流程图如图 2-31 所示。

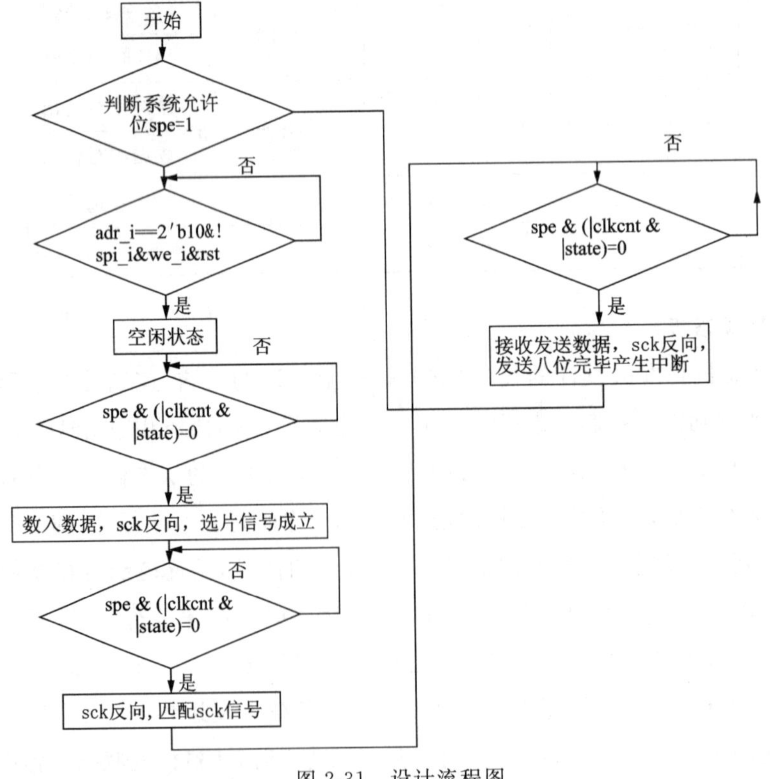

图 2-31　设计流程图

六、实验步骤

(1)用 HDL 语言设计一个 SPI 接口,写出实验源程序。
(2)编写测试激励并同 ModelSim 调试。
(3)查看结果,分析是否满足功能和时序要求。

七、实验报告

(1)详细说明设计思路和设计原理。
(2)要求对仿真结果进行时序分析。
(3)附上源代码,要求有注释。

八、问题及思考

(1)SPI 接口是怎么进行数据传输的?
(2)传输速率是如何控制的?
(3)怎么将中断清零?

第五节　基于查找表的 DDS 设计

一、预习内容

(1)结合教材中的介绍熟悉 QuartusⅡ、ModelSim 软件的使用及设计流程。
(2)直接频率合成(Direct digital synthesizer,DDS)技术原理。

二、实验目的

(1)掌握 DDS 基本原理。
(2)掌握测试激励中文件读写方法。
(3)掌握应用 Matlab 产生初始数据。
(4)掌握 ModelSim 查看模拟波形。

三、实验器材

PC 机一台、配套 EDA 开发工具 QuartusⅡ、ModelSim。

四、实验要求

利用 Matlab 软件生成正弦波数据文件,应用 HDL 语言,采用查表法的方法,设计实现直接频率合成器(DDS)，进行仿真，给出仿真结果并对仿真结果进行分析。

五、实验原理与实现方法

DDS是直接数字频率合成的简称。在正弦波 $0\sim2\pi$ 周期内，相位到幅度是一一对应的。所以我们可以首先建立正弦波相位与幅度对应表。该表格的地址为相位，对应存储单元存储该相位对应的幅度值。然后在时钟的作用下相位累加，最后根据相位在查找表中取出相位对应的幅度值，这样就可以得到数字正弦信号。DDS电路设计可以分为3个部分：相位累加器、正弦相位幅值对应表(波形存储器)、DA转换器和低通滤波器(图2-32)。相位累加器是由 N 位加法器与 N 位累加寄存器构成，它是DDS模块中一个极其重要的部分。在参考频率时钟的驱动下，DDS模块开始工作；当每来一个参考时钟时，累加器就把频率控制字FW与寄存器输出的值进行累加，将相加后的结果再输入到寄存器中，而累加寄存器就将在上一个参考时钟作用时产生的数据通过反馈的方式输送到累加器中。这样，在时钟的作用下，就可以不停地对频率控制字进行累加。此时，用相位累加器输出的数据作为地址在波形存储器中，通过查找地址所对应的幅值表，就可以完成其从相位到幅值之间的转化。

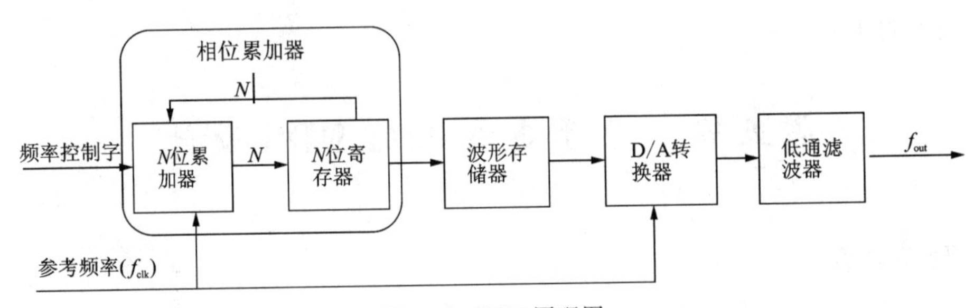

图 2-32　DDS原理图

理想的正弦波信号 $S(t)$ 可以表示成：

$$S(t)=A\sin(2\pi f_0 t+\varphi) \tag{2-5}$$

式(2-5)说明只要正弦波信号的幅度 A 和初始相位 φ 不变，它的频谱就是关于 f_0 的一条谱线。为了分析简化，可令 $A=1,\varphi=0$，这将不会影响对频率的研究。即：

$$S(t)=\sin(2\pi f_0+\varphi)=\sin\theta(t) \tag{2-6}$$

式(2-6)中，$\theta(t)=2\pi f_0 t$。

对于式(2-6)的信号进行采样，采样周期为 T_c(即采样频率为 f_c)，则可以得到离散的波形序列：

$$S(n)=\sin(2\pi f_0 n T_c)(n=0,1,2,3,\cdots) \tag{2-7}$$

相应的相位离散序列为：

$$\theta(n)=2\pi f_0 n T_c=\Delta\theta\cdot n(n=0,1,2,3,\cdots) \tag{2-8}$$

式(2-8)中：

$$\Delta\theta=2\pi f_0 T_c=2\pi f_0/f_c \tag{2-9}$$

是连续两次采样之间的相位增量。根据采样定理：$f_0<1/2\ f_c$，从式(2-7)得出的离散序列即可唯一地恢复初始的模拟信号。由式(2-9)得：

$$f_0=\frac{\Delta\theta}{2\pi T_c} \tag{2-10}$$

由此可知，决定输出频率的是两次采样之间的相位增量 $\Delta\theta$，因此，只要控制这个相位增量，就可以控制合成信号的频率。将整个周期的相位 2π 分成 $M(M=2^N)$份，每一份为 $\delta=2\pi/M$，若每次的相位增量选择为 δ 的 K 倍，即可得到信号的频率：

$$f_0=\frac{K\delta}{2\pi T_c}=\frac{K}{M}f_c \tag{2-11}$$

相应的模拟信号为：

$$S(t)=\sin\left(2\pi\frac{K}{M}f_c t\right) \tag{2-12}$$

式(2-12)中 K 和 M 都是正整数，根据采样定理的要求，K 的最大值应小于 M 的 1/2。由式(2-11)得：

$$f_0=\frac{K}{2^N}f_c \tag{2-13}$$

因此，通过改变频率控制字 K 就可以改变输出频率。

由式 可知，DDS 的最小输出频率也即 DDS 的频率分辨率为：

$$f_0=\frac{1}{2^N}f_c \tag{2-14}$$

1. 波形存储器

正弦相位幅值对应表每一个地址对应 $0\sim2\pi$ 间的一个相位，值对应正弦信号的幅度值。然而生成的正弦信号的幅度值有负数的出现，为了避免负值，我们不妨把得到的正弦信号幅度值加一个常量 1 作为查找表的值。假设地址的位宽为 N，数据位宽为 width，则在 $0\sim2\pi$ 相位中有2^N次方个点，第 k 个点对应的相位为 $2\times\pi\times(k-1)/2^N$，对应的幅值为 $\sin(2\times\pi\times(k-1)/2^N)+1$，该地址对应的存储的数据为$2^{N-1}\times(\sin(2\times\pi(k-1)/2^N)+1)$。

2. 相位累加器

相位累加器由加法器和寄存器构成，如图 2-33 所示。每来一个时钟脉冲，加法器就将频率控制字与累加寄存器输出的累加相位数据相加，把相加后的结果送至累加寄存器的数据输入端。累加寄存器将加法器在上一个时钟脉冲作用后所产生的新相位数据反馈到加法器的输入端，以使加法器在下一个时钟脉冲的作用下继续与频率控制字相加。这样，相位累加器在时钟作用下，不断对频率控制字进行线性相位累加。

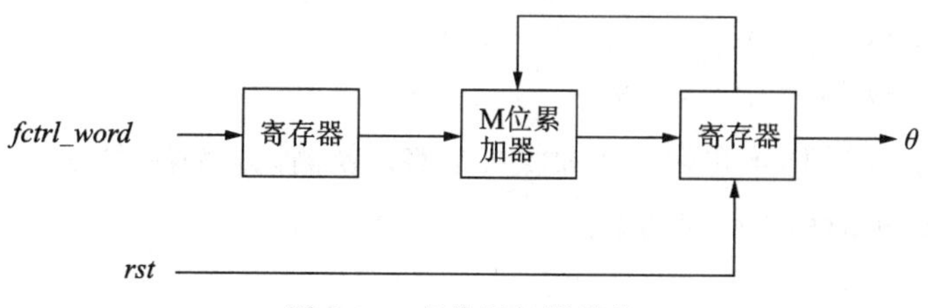

图 2-33　相位累加器模块

由此可以看出，相位累加器在每一个时钟脉冲输入时，把频率控制字累加一次，相位累加器输出的数据就是合成信号的相位。输出信号的频率与频率控制字溢出频率和时钟信号频率相关。假设累加器的位数为 M，时钟频率为 F_{clk}，频率控制字 f_{ctrl_word}，输出频率为：

$$F_0=\frac{f_{ctrl\_word}F_{clk}}{2^M} \tag{2-15}$$

3. 查表模块

查表模块比较简单，地址为正弦信号一个周期的相位，输出就是每个相位对应的幅度值（为了避免出现负数值，每个值均加入了常量 1 的偏置）。不过有一点需要注意：当累加器输出 θ 的位宽大于查找表地址的位宽 N 时，我们不是直接地将累加器的输出作为地址查表，而是取累加器 θ 的高位进行查表。

六、实验步骤

(1)Matlab 编写查找表程序，生成 ROM 文件。

设置地址位宽 $N=8$，数据位宽 $width=12$，生成正弦波信号相位幅值对应表的 Matlab 程序如下：

```
909764868 clc
clear
%设置 Rom 表地址位宽 N 和数据位宽 width N= 10,width= 10
N= 10;
width= 12;
index= linspace(0,2* pi,2^N);% 生成 2^N 个点作为相位值
sin_value= sin(index)+ 1;%生成数据加+ 1 防止出现负数
% 扩大正弦的幅度值作为 Rom 表的数据，并将其写入 sin.txt Rom 文件
sin_rom= floor(sin_value* (2^width/2- 1));
fp= fopen('sin.txt','w+ ');%写模式打开文件
fprintf(fp,'@ 000\r\n\r\n');%写入首行，根据 rom 文件格式
for num= sin_rom
          fprintf(fp,'% x\r\n',num);%十六进制表示的
end
%画出 Rom 图
plot(0:2^N-1,sin_rom);
set(get(gca, 'Title'), 'String', 'Rom查找表');
set(get(gca, 'XLabel'), 'String', 'addr');
set(get(gca, 'YLabel'), 'String', 'sin\_rom');
```

(2)用 Verilog 编写 DDS 电路各个模块的电路以及测试的激励文件。

DDS 的查表输出的核心程序如下：

```
909764871 assign addr=phase[31:22];//addr 10bit
always @ (posedge clk or posedge rst)
if(rst)
        sine_o<=16'b0;
else
        sine_o<=sin[addr];
```

(3)完成电路的功能仿真并分析结果(图 2-34、图 2-35)。

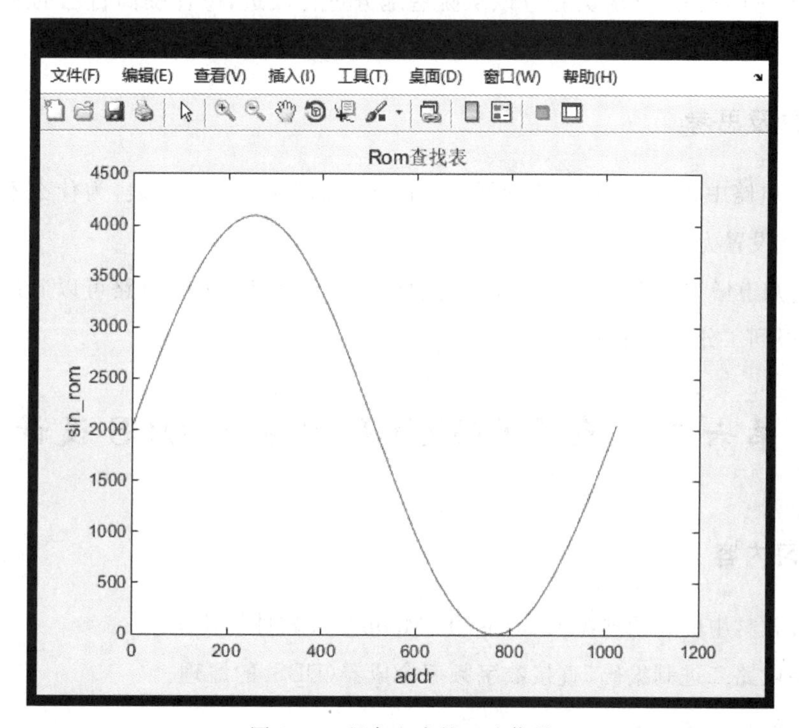

图 2-34 程序生成的正弦信号

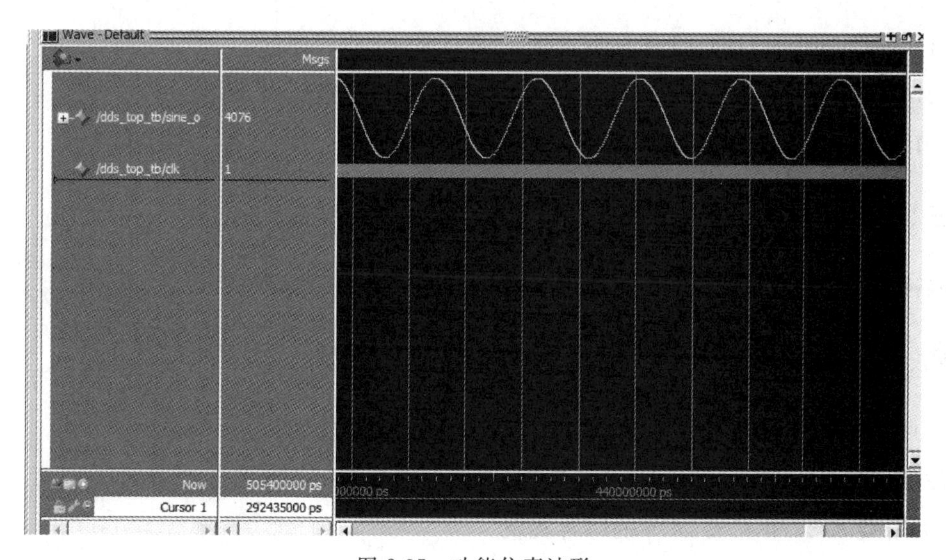

图 2-35 功能仿真波形

七、实验报告

(1)写出实验源程序,包括用 Matlab 生成正弦波文件的程序。

(2)用 ModelSim 进行功能仿真,可再用 QuartusⅡ进行时序仿真,并比较两者的波形。

(3)分析实验结果,思考正弦波如何才能变得更平滑。

(4)心得体会:本次实验的感受,从实验中获得了哪些收益,本次实验的成功之处,本次实验中还有待改进的地方,下次实验应该从哪些地方进行改进,怎样提高自己的实验效率和实验水平等。

八、问题及思考

(1)DDS 电路中将 32 位相位累加器取出高 10 位作为地址来查表,为什么不直接将相位累加器的位宽设置为 10?

(2)我们知道增大频率控制字可以提高输出信号的频率,DDS 电路可以通过改变频率控制字的方法得到二分频的正弦信号吗?

第六节　基于 CORDIC 算法的 DDS 设计

一、预习内容

(1)结合教材中的介绍熟悉 QuartusⅡ、ModelSim 软件的使用。

(2)数字电路二进制编码、直接数字频率合成器(DDS)的原理。

二、实验目的

(1)掌握 Verilog HDL 设计方法。

(2)熟悉 QuartusⅡ、ModelSim 软件的使用及设计流程。

(3)掌握 CORDIC 算法的原理与设计方法。

三、实验器材

PC 机一台、配套 EDA 开发工具软件 QuartusⅡ、ModelSim 等 。

四、实验要求

(1)用 Verilog HDL 设计一个基于 CORDIC 的 DDS。

(2)用 Verilog HDL 设计 DDS 的测试平台。

(3)用 QuartusⅡ完成 DDS 的综合实现。

(4)用 ModelSim 完成 DDS 的仿真测试。

(5)加入方波、三角波、锯齿波等功能。

五、实验原理与实现方法

1. CORDIC 算法的原理

在电子计算机还不发达的时期，受硬件结构的约束，计算机只能进行基本的加法、减法、移位以及乘法，要计算三角函数是一个十分令人头疼的问题，尤其是要让计算机能算出精确的三角函数值，基本只能通过将对应的三角函数值存在 ROM 表中，利用查表法来计算三角函数，随着对角度和对应函数值精度要求的提高，ROM 表的电路面积会呈几何增长，并且功耗和延时都会随之增加。

随着 CORDIC 算法的提出，我们不用依赖将每个角度的函数值都存入 ROM 表，并且只需要简单的加法和移位运算(乘法运算的指令周期大于加法和移位运算)，就能得到每个角度的 sin 值和 cos 值。这大大降低了电路的面积，只通过很短的迭代延时，就能计算出精确的 sin 值和 cos 值。

CORDIC 算法的基本原理是通过坐标旋转，借鉴二分法的思想，逐渐逼近所求的角度。假设将输入的角度用单位向量的形式表示在笛卡尔坐标系中(图 2-36)，在 xy 坐标平面上将点(x_1,y_1)旋转 θ 角度到点(x_2,y_2)的标准方法如下所示：

$$x_2 = x_1\cos\theta - y_1\sin\theta \tag{2-16}$$

$$y_2 = x_1\sin\theta + y_1\cos\theta \tag{2-17}$$

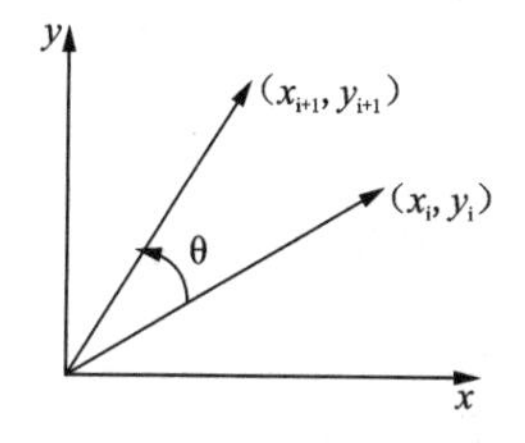

图 2-36　笛卡尔坐标旋转

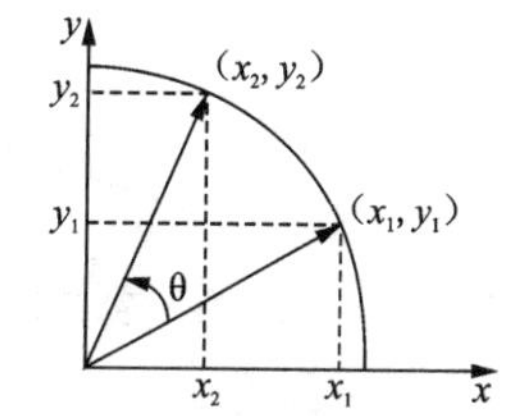

图 2-37　向量旋转表示 θ

这被称为是平面旋转、向量旋转或者线性(矩阵)代数中的 Givens 旋转(图 2-37)。方程(2-16)和方程(2-17)同样可写成矩阵向量形式：

$$\begin{bmatrix} x_2 \\ y_2 \end{bmatrix} = \begin{bmatrix} \cos\theta & -\sin\theta \\ \sin\theta & \cos\theta \end{bmatrix} \begin{bmatrix} x_1 \\ y_1 \end{bmatrix} \tag{2-18}$$

例如一个90°的相移为(图 2-38)：

$$\begin{bmatrix} x_2 \\ y_2 \end{bmatrix} = \begin{bmatrix} 0 & -1 \\ 1 & 0 \end{bmatrix} \begin{bmatrix} x_1 \\ y_1 \end{bmatrix} = \begin{bmatrix} -y_1 \\ x_1 \end{bmatrix}$$

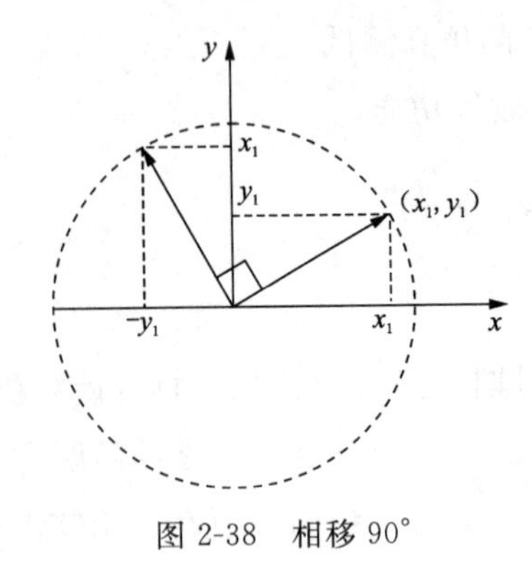

图 2-38　相移 90°

通过提出因数，旋转方程可写成方程(2-19)和方程(2-20)的形式：

$$x_2 = x_1\cos\theta - y_1\sin\theta = \cos\theta(x_1 - y_1\tan\theta) \tag{2-19}$$

$$y_2 = x_1\sin\theta + y_1\cos\theta = \cos\theta(y_1 + x_1\tan\theta) \tag{2-20}$$

如果去除上式中的 $\cos\theta$ 项，可以得到伪旋转方程式：

$$\hat{x}_2 = x_1 - y_1\tan\theta \tag{2-21}$$

$$\hat{y}_2 = y_1 + x_1\tan\theta \tag{2-22}$$

即旋转的角度是正确的，但是每次 x 与 y 的值都会增加$\cos^{-1}\theta$ 倍。而我们并不能通过适当的数学方法去除 $\cos\theta$ 项，但是通过去除 $\cos\theta$ 项可以简化坐标平面旋转的计算操作。在 xy 坐标平面中(图 2-39)：

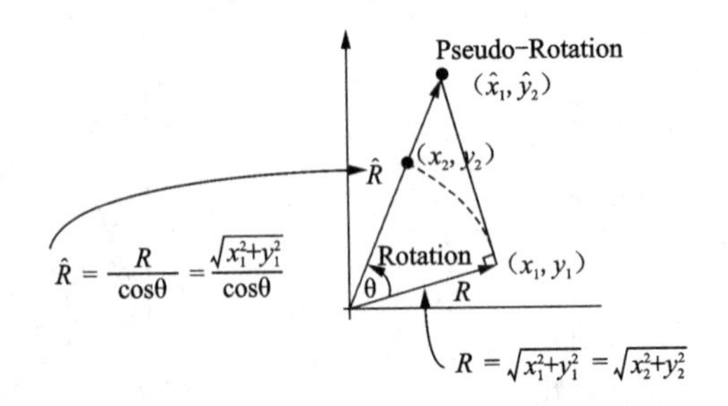

图 2-39　伪旋转改变模值

为了方便硬件电路实现，我们将 $\tan\theta$ 的值取为2^{-i}，$(i=0,1,2,3,\cdots)$，方程(2-21)和方程(2-22)变为：

$$\hat{x}_2 = x_1 - y_1\tan\theta = x_1 - y_1 2^{-i} \tag{2-23}$$

$$\hat{y}_2 = y_1 + x_1\tan\theta = y_1 + x_1 2^{-i} \tag{2-24}$$

表 2-4 指出用于 CORDIC 算法中每个迭代 (i)的旋转角度(精确到 9 位小数)。

表 2-4　$\tan\theta_i = 2^{-i}$

i	θ_i	$\tan\theta_i$
0	45.0	1
1	26.555 051 177	0.5
2	14.036 243 467	0.25
3	7.125 016 348	0.125
4	3.576 334 374	0.062 5

因为 2 的整数次幂可以用简单的移位电路实现，从而避免了计算麻烦的三角函数和乘法运算，因此我们每次旋转的角度都应该遵循 $\tan\theta_i = 2^{-i}$。举例来说，前几次迭代旋转的角度分别为：第 1 次旋转 45°(tan45°＝1/2)，第 2 次旋转 26.6°(tan26.6°≈1/4)，第 3 次旋转 14°(tan14°≈1/8)……(表 2-5)。

表 2-5　前 13 次迭代的 $\tan\theta$、θ、$\cos\theta$

i	$\tan\theta$	θ	$\cos\theta$
1	1	45.0	0.707 106 781
2	0.5	26.565 051 177 1	0.894 427 191
3	0.25	14.036 243 467 9	0.970 142 500
4	0.125	7.125 016 3489	0.992 277 877
5	0.062 5	3.576 334 375 0	0.998 052 578
6	0.031 25	1.789 910 608 2	0.999 512 076
7	0.015 625	0.895 173 710 2	0.999 877 952
8	0.007 812 5	0.447 614 170 9	0.999 969 484
9	0.003 906 25	0.223 810 500 4	0.999 992 371
10	0.001 953 125	0.111 905 677 1	0.999 998 093
11	0.000 976 563	0.055 952 891 9	0.999 999 523
12	0.000 488 281	0.027 976 452 6	0.999 999 881
13	0.000 244 141	0.013 988 227 1	0.999 999 97

很显然，每次旋转的方向都影响到最终要旋转的累积角度。最后累积的 θ 值满足 $-99.7° \leqslant \theta \leqslant 99.7°$，且有：

$$K = \frac{1}{P} = \prod_{i=0}^{\infty} \cos\left(\arctan\left(\frac{1}{2^i}\right)\right) \approx 0.607\,253 \tag{2-25}$$

对于该范围之外的角度,可使用三角函数的诱导公式转化成该范围内的角度。当然,角分辨率的数据位数与最终的精度有关。将 K 定为伪旋转的伸缩因子,K 的取值和旋转的次数有关,例如确定旋转的次数为 13,则有 $P=\cos 45°\times\cos 26.565°\times\cdots\times\cos 0.1399°=0.607\,252\,941$,$K=1/0.607\,242\,491=1.646\,760\,2$。则要将伪旋转后的结果乘以 1.646 760 2 才是旋转后的结果。角分辨率的数据位数对最终的旋转精度非常关键。

通过伪旋转公式我们可以进一步得到,第 i 次伪旋转可表示为:

$$x_{i+1}=x_i-d_i2^{-i}y_i \tag{2-26}$$

$$y_{i+1}=y_i+d_i2^{-i}x_i \tag{2-27}$$

d_i是一个判决算子,用于确定旋转的方向。d_i的值取±1,为了方便判断d_i的取值,我们加入一个角度累加(Angle Accumulator)变量 Z:

$$Z_{i+1}=Z_i-d_i\theta_i \tag{2-28}$$

其中判决算子d_i决定旋转的方向是顺时针还是逆时针。通过控制d_i,我们要让Z_{i+1}在迭代中逐渐趋近 0。n 次迭代后我们应该得到:

$$x_n=K_n(x_{n-1}\cos z_{n-1}-y_{n-1}\sin z_{n-1}) \tag{2-29}$$

$$y_n=K_n(y_{n-1}\cos z_{n-1}+x_{n-1}\sin z_{n-1}) \tag{2-30}$$

$$z_n=0 \tag{2-31}$$

因此,原始的算法现在已经被简化为使用向量的伪旋转来表示的迭代一移位一相加算法,每次迭代只需要 2 次移位、1 次查表(θ_i的值)和 3 次加法运算,避免了复杂的三角函数和乘法运算,大大减少了硬件成本。

通过设置$x_0=1/K_n$和$y_0=0$ 可以计算 $\cos z_0$和 $\sin z_0$。判决算子d_i应该满足下面条件:

$$d_i=\text{sign}(z_i) \tag{2-32}$$

因此,我们输入x_0和z_0($y_0=0$),然后通过迭代使z_i取值趋近于 0。

例如,当$\theta_0=30°$时,计算 $\cos\theta_0$和 $\sin\theta_0$(图 2-40,表 2-6)。

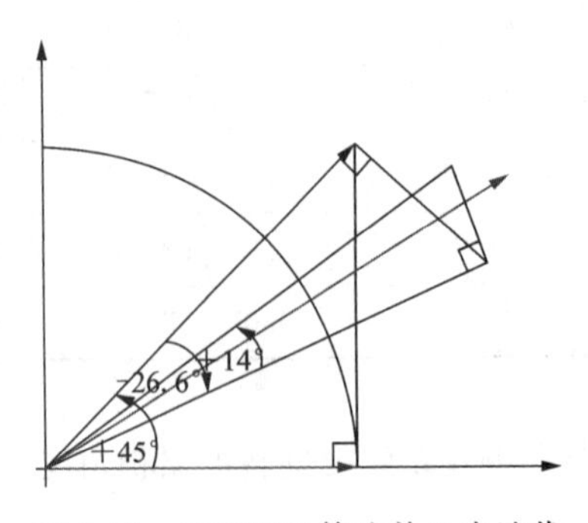

图 2-40　CORDIC 算法前 3 次迭代

表 2-6　9 次迭代计算 sin30°和 cos30°

i	d_i	θ_i	z_i	y_i	x_i
0	+1	45°	+30°	0	0.607 3
1	−1	26.6°	−15°	0.607 3	0.607 3
2	+1	14°	+11.6°	0.303 6	0.910 9
3	−1	7.1°	−4.7°	0.531 3	0.835 0
4	+1	3.6°	+2.4°	0.427 0	0.901 4
5	+1	1.8°	+1.1°	0.483 3	0.874 7
6	−1	0.9°	−0.7°	0.510 6	0.859 6
7	+1	0.4°	+0.2°	0.497 2	0.867 6
8	−1	0.2°	−0.2°	0.504 0	0.863 7
9	+1	0.1°	+0°	0.500 6	0.865 7

2. CORDIC 算法的实现

在本次实验中，我们定义输入的角度 θ (angle)范围为 $0\leqslant\theta<2\pi$($0°\leqslant\theta<360°$)，位宽为 16bit，迭代次数为 16 次，输出分别为 16bit 位宽的正弦值(sin)和余弦值(cos)，范围均为 [−1,1](图 2-41)。

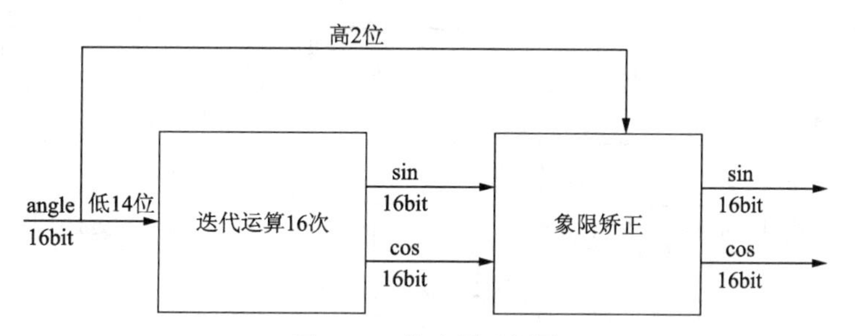

图 2-41　算法原理框图

在实验中将输入 θ 按 $2^{16}-1$ 均等分，并且根据二进制补码进行编码，“000…000”对应 0°，“001…000”对应 45°，“010…000”对应 90°，“100…000”对应 180°，…。于是可以先将 $\arctan\theta=2^{i}$($i=0,1,2,\cdots,15$)的角度先算出来，事先保存到 ROM 中，代码示例如下：

```
parameter[15:0]
rot0 = 16'h2000,     //45
rot1= 16'h12e4,     //26.5651
rot2= 16'h09fb,     //14.0362
rot3= 16'h0511,     //7.1250
rot4= 16'h028b,     //3.5763
rot5= 16'h0145,     //1.7899
```

```
rot6=16'h00a3,    //0.8952
rot7=16'h0051,    //0.4476
rot8=16'h0028,    //0.2238
rot9=16'h0014,    //0.1119
rot10=16'h000a,    //0.0560
rot11=16'h0005,    //0.0280
rot12=16'h0003,    //0.0140
rot13=16'h0001,    //0.0070
rot14=16'h0001,    //0.0035
rot15=16'h0000;    //0.0018
```

我们可以看出，angle 的高 2 位表示的是所在的象限(00,01,10,11 分别代表第一、二、三、四象限)，为了迭代时简便，我们可以只将低 14 位数据送入迭代运算模块，而运算后的输出结果可以在后期通过高 2 位的数据进行象限矫正(图 2-42)。

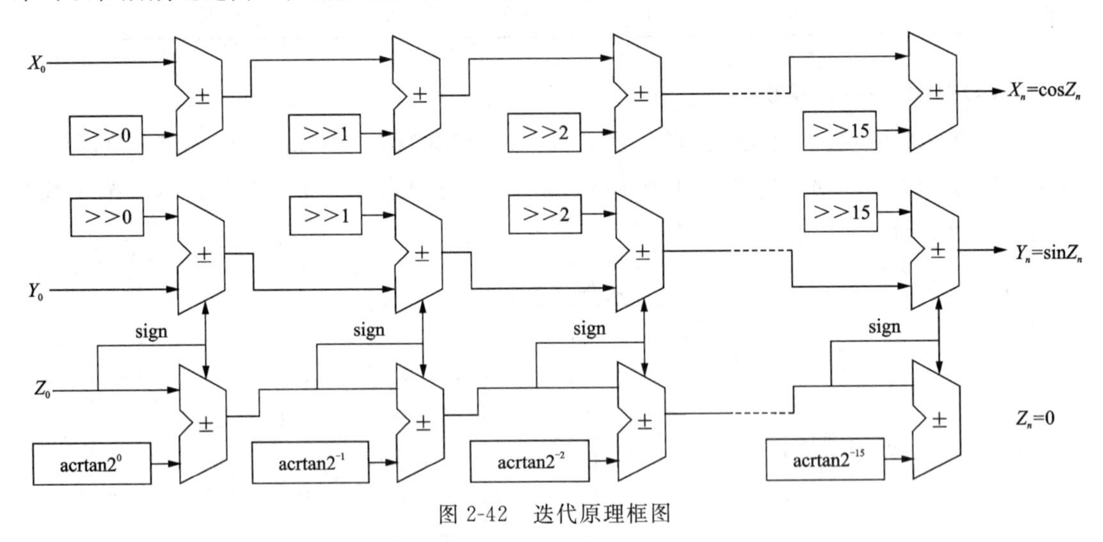

图 2-42　迭代原理框图

在进行迭代运算的时候，移位寄存器所进行的移位运算并不是普通的逻辑移位。逻辑移位对于补码运算而言，并非所有情况都等于乘以(或除以)2 的整次幂。例如，当数据的最高位为 1 时，往往代表数据是一个负数，而逻辑右移之后，左边高位将会依次补“0”，这个小小的疏忽带来的后果却是致命的，因为符号位因为逻辑右移而变成了 0，也就是说一个负数因为移位而变成了正数，这显然是荒谬的。对于这种补码在面对逻辑右移时会出现的这种特殊情况，我们将逻辑移位改为算术移位。

所谓算术移位，即针对上述补码移位时的缺陷而改进的一种移位方法，实现的方式非常简单，只需要将右移后空缺的高位简单地补“0”改为补“符号位”就能解决这个问题。例如“110010”要右移 2 位，逻辑右移的结果是“001100”，而算术右移则是“111100”。于是对于每次迭代而言，几乎实现的方式都一样，例如对第 5 次迭代有：

```
always @  (posedge clk)//  5
begin
        quadrant[5]<=quadrant[4];
        if(z4[16])
        begin
                x5<=x4+{{4{y4[16]}},y4[16:4]};
                y5<=y4-{{4{x4[16]}},x4[16:4]};
                z5<=z4+rot4;
        end
        else
        begin
                x5<=x4-{{4{y4[16]}},y4[16:4]};
                y5<=y4+{{4{x4[16]}},x4[16:4]};
                z5<=z4-rot4;
        end
end
```

在迭代完成后，输出的正余弦还不是我们所求的真实值，因为我们在迭代的时候只截取了低 14 位的数据，默认是在第一象限内的，然而对于第一象限以外的三角函数值，可以使用如下的诱导公式来转换到第一象限内：

$$
\begin{aligned}
&\sin\left(\frac{1}{2}\pi+\theta\right)=\cos\theta \qquad \cos\left(\frac{1}{2}\pi+\theta\right)=-\sin\theta \\
&\sin(\pi+\theta)=-\sin\theta \qquad \cos(\pi+\theta)=-\cos\theta \\
&\sin\left(\frac{3}{2}\pi+\theta\right)=-\cos\theta \qquad \cos\left(\frac{3}{2}\pi+\theta\right)=\sin\theta
\end{aligned}
\tag{2-33}
$$

代码示例如下：

```
always @  (posedge clk)
begin
        case(quadrant[16])
        2'b00:begin
                cos<=x16[16:1];
                sin<=y16[16:1];
                end
        2'b01:begin
                cos<=~ (y16[16:1]) +1'b1;//-sin
                sin<=x16[16:1];//cos
                end
        2'b10:begin
```

```
                cos<=~ (x16[16:1]) +1'b1;//-cos
                sin<=~ (y16[16:1]) +1'b1;//-sin
                end
            2'b11:begin
                cos<=y16[16:1];//sin
                sin<=~ (x16[16:1]) +1'b1;//-cos
                end
            endcase
    end
```

六、实验步骤

(1)打开 QuartusⅡ创建工程 cordic,代码和激励编译完成后在 Simulation 中选择 ModelSim,并在 Complie test bench 中选择自己的激励文件(图 2-43)。

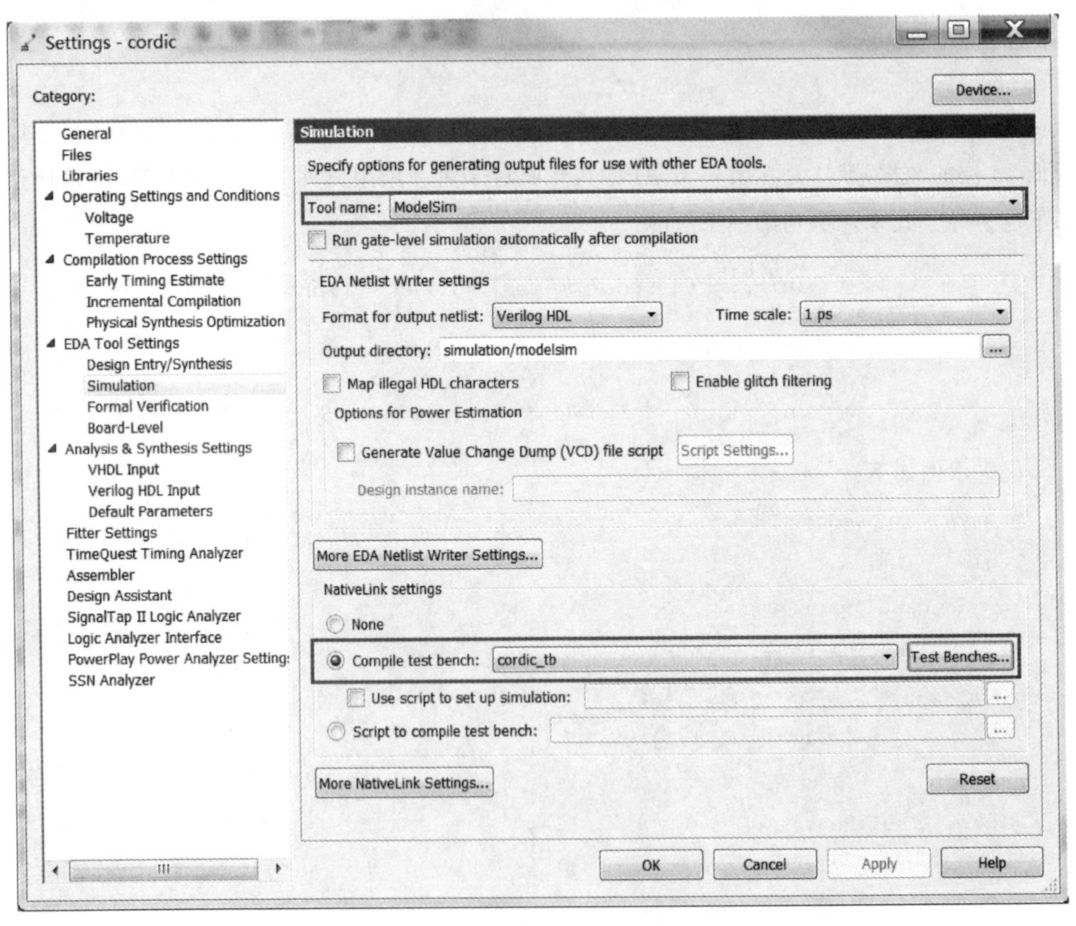

图 2-43　选择仿真软件及激励文件

(2)再次编译,完成后点击 Tools→Run Simulation Tool→RTL Simulation(功能仿真),

此时 QuartusⅡ会调用 PC 机上的 ModelSim，运行激励测试文件（图 2-44）。

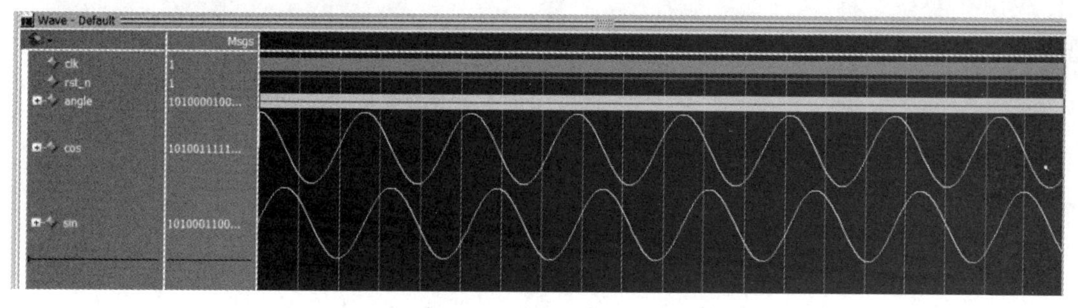

图 2-44　功能仿真结果

（3）点击 Tools→Run Simulation Tool→Gate Level Simulation（时序仿真），观察加入门级延时后的输出波形（图 2-45）。

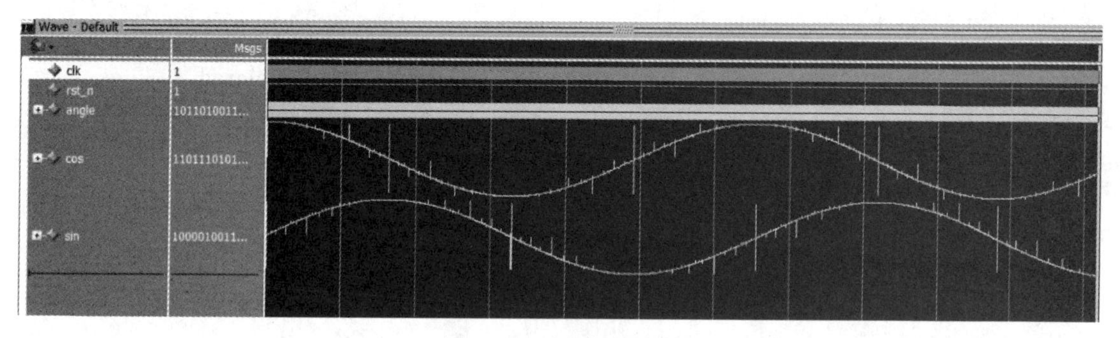

图 2-45　时序仿真结果

七、实验报告

（1）写出实验源程序，并附上综合结果和仿真波形。

（2）观察两种不同的仿真结果，分析其原因。

（3）比较 CORDIC 算法和普通查表法的 DDS 的优缺点。

（4）心得体会：本次实验中的感受，从实验中获得了哪些收益，本次实验的成功之处，本次实验中还有待改进的地方，下次实验应该从哪些地方进行改进，怎样提高自己的实验效率和实验水平等。

八、问题及思考

（1）伸缩因子 K 的值是根据什么因素确定的？

（2）如果所求的角度不是位于第一象限内，该怎么做呢？

（3）CORDIC 算法里面使用到的移位运算是普通的逻辑移位吗？

（4）思考一下 CORDIC 算法是否还能再继续优化或者改进。

附　　录

附录 A　Verilog 保留字

always	if	rtranif0
and	initial	rtranif1
assign	inout	scalared
begin	input	small
buf	integer	specify
bufif0	join	specparam
bufif1	large	strong0
case	macromodule	strong1
casex	medium	supply0
casez	module	supply1
cmos	nand	table
deassign	negedge	task
default	nmos	time
defparam	nor	tran
disable	not	tranif0
edge	notif0	tranif1
else	notif1	tri
end	or	tri0
endcase	output	tri1
endfunction	parameter	triand
endmodule	pmos	trior

endprimitive
endspecify
endtable
endtask
event
for
force
forever
fork
function
highz0
highz1
posedge
primitive
pull0
pull1
pulldown
pullup
rcmos
real
realtime
reg
release
repeat
rnmos
rpmos
rtran
trireg
vectored
wait
wand
weak0
weak1
while
wire
wor
xnor
xor

附录B 第一章第二节完整 Testbench 例子

```
/////////////////////////////////////////////////////
// MODULE              : counter_tb               //
// TOP MODULE          : --                       //
//                                                //
// PURPOSE             : 4- bit up counter test bench//
//                                                //
// DESIGNER            : Deepak Kumar Tala        //
//                                                //
// Revision History                               //
//                                                //
// DEVELOPMENT HISTORY :                          //
//            Rev0.0: Jan 03, 2003               //
//                    Initial Revision           //
//                                               //
/////////////////////////////////////////////////////
module counter_tb;
reg clk, reset, enable;
wire [3:0] count;
reg dut_error;
counter U0 ( .clk   (clk), .reset  (reset), .enable (enable), .count  (count));
event reset_enable; event terminate_sim;

initial
begin
   $ display ("#################################################### ");
   clk= 0;
   reset= 0;
   enable= 0;
   dut_error= 0;
end
always   # 5 clk= ! clk;
initial
begin
   $ dumpfile ("counter.vcd");
```

```
    $ dumpvars;
  end

  initial @ (terminate_sim)
  begin
    $ display ("Terminating simulation");
    if (dut_error==0)
    begin
      $ display ("Simulation Result : PASSED");
    end
    else begin
      $ display ("Simulation Result : FAILED");
    end
    $ display ("####################################### ");
    # 1 $ finish;
  end

  event reset_done;

  initial
  forever begin
    @ (reset_enable);
    @ (negedge clk)
    $ display ("Applying reset");
    reset=1;
    @ (negedge clk)
    reset=0;
    $ display ("Came out of Reset");
    -> reset_done;
  end

  initial
  begin
    # 10->reset_enable;
    @ (reset_done);
    @ (negedge clk);
    enable=1;
```

```
    repeat (5)
    begin
        @  (negedge clk);
    end
    enable=0;
    # 5->terminate_sim;
end

reg [3:0] count_compare;

always @  (posedge clk)
if (reset==1'b1)
    count_compare<=0;
else if ( enable==1'b1)
    count_compare<=count_compare+1;

always @  (negedge clk)
if (count_compare!=count)
begin
    $ display ("DUT ERROR AT TIME% d",$ time);
    $ display ("Expected value % d, Got Value % d", count_compare, count);
    dut_error=1;
   #5 ->terminate_sim;
end

endmodule
```

主要参考文献

布朗.数字逻辑基础与 Verilog 设计[M].北京:机械工业出版社,2016.

刘韬.FPGA 数字电子系统设计与开发实例导航[M].北京:人民邮电出版社,2005.

罗杰,谭力,刘文超.Verilog HDL 与 FPGA 数字系统设计[M].北京:机械工业出版社,2015.

王金明,杨吉斌.数字系统设计与 Verilog HDL[M].6 版.北京:电子工业出版社,2016.

王贞炎.FPGA 应用开发和仿真[M].北京:机械工业出版社,2018.

吴厚航.FPGA 设计实战演练(逻辑篇)[M].北京:清华大学出版社,2015.

西勒提.Verilog HDL 高级数字设计[M].北京:电子工业出版社,2014.

夏宇闻.Verilog 数字系统设计[M].4 版.北京:北京航天航空大学出版社,2008.

张玲,何伟.现代数字系统实验及设计[M].2 版.重庆大学出版社,2014.

赵艳华,温利,佟春明.实例讲解基于 Quartus Ⅱ的 FPGA/CPLD 数字系统设计快速入门[M].北京:电子工业出版社,2017.

Enoch O Hwang.数字系统设计(Verilog & VHDL 版)[M].北京:电子工业出版社,2018.

SPI Block Guide V03.06.:Motorola[J].Inc.,February,2003.

主要参考文献